宇宙逆立ちコマが実現したら

── 逆転の惑星たち ──

原 憲之介

東京図書出版

まとめ

だれもが宇宙旅行のできる時代がやってくるようです。せっかくですから一つ科学実験をしてみませんか。ご興味をお持ちいただけたらぜひお試しください。今から準備をすれば十分に間に合うでしょう。「宇宙逆立ちコマは実現するか」を検証するものです。その意味は、「地球の周りを周回運動する人工衛星（コマ）は、その公転とは逆向きの自転（スピン）を与えられるとき、条件次第では、自転軸がひっくり返って公転の向きにそろうことがあるだろうか」という問いに対する検証実験です。一般の旅行者が人工衛星そのものにスピンをかけることは無理なので、その代わりとして、人工衛星の内部において、コマに逆立ちスピンを与えた後、放置し、ひっくり返るかどうかを検証する実験になります。換言すれば、逆行スピンのコマは反転して順行スピンへと移行することがあるかを調べる実験です。これはやってみないとわからないと私は思っています。国際宇宙ステーション（ISS: International Space Station）の船内で実験すれば、正解が出せるはずです。その可能性のある条件を探ります。もしも、自転軸の向きが逆立ちから正立にそろったなら、この現象は、惑星・衛星にも及ぶ問題になります。

「ケプラー運動するコマの自転軸は公転軸を目指して動く

か」という問いかけですが、このような考えがどこから生まれてくるのでしょうか。それなりの事情は追い追い述べていきますが、まず、遊園地のメリーゴーランドに乗って実験すれば、私の話がまんざら荒唐無稽ではないという実感が湧いてくると思うのですが。ジャイロスコープ（自由度３・本文参照）を持ってメリーゴーランドに乗ります。そしてメリーゴーランドとは逆向きの自転（スピン）を与えると、やがて、その自転軸はひっくり返って、メリーゴーランドと同じ回転方向にそろうことが確認できます（回転台上でも同じ）。

これと同様な実験を、地球を周回する国際宇宙ステーションの中でやることの提案です。ただし、宇宙飛行士がやって見せたように、指先でひねってコマを回すのでは、その自転の回転速度は１分当たり60回転以上と見積もられ、国際宇宙ステーションの公転回転速度の5400倍以上も速く、逆転現象は現れません。外の宇宙空間に対し傾き一定のままです。速すぎてひっくり返るのに数万年もかかる計算で、とても逆転現象の検証実験にはなりません。コマの自転回転速度を公転回転速度の数倍程度（1.5～３倍）に抑える必要があります。この比は重要な条件です。１年１公転の地球に置き換えれば、１自転するのに240日から120日かかる低速回転に相当するものです。現実には、地球の１自転は１公転の365倍の回転速度を持っています。

国際宇宙ステーションは90分で地球を１周しますが、コマにはその1.5倍の速さのスピンをかける必要があります。

1.5倍の速さとは、60分で1自転する低速回転に相当します。つまり、時計の長針程度の回転速度を意味します。その実現は人の指先では無理です。時計（の歯車など）を応用した回転装置を製作し、コマに公転とは逆向きにスピンを与えた後、そのコマを空中に解き放てば、コマは公転の1.5倍の速さで逆向きに自転し、かつ、公転するという初期条件が得られます。そうすれば計算上は11時間くらいで、つまり、時計の短針（12時間で1周）程度のゆっくりした速さで、ひっくり返って国際宇宙ステーションと同じ公転の向きにそろうだろうという予想です。このとき、宇宙逆立ちコマが実現することになります。

この実験は、国際宇宙ステーション旅行中に実現可能な時間です。言い換えれば、この計算の根拠となる仮説の真偽が判定できます。それは、万有引力のもとで公転運動する人工衛星（コマ・惑星）の自転軸の運動方程式において、既知項に追加された極めてのろい効果を持つ仮説逆転項の実在性を問うものとなります。

コマの自転回転速度を公転回転速度に近づけることは重要なポイントです。この条件のもとで予想される自転軸の動きが本書の対象です。この点を考慮した世界初の実験になると思います。惑星は自転し、かつ、公転しているので似た状況下にありますが、惑星スケールになると有史以来の年数程度ではとても観測できません。地質学的年数を要する変化となります。原生代の地層に残された低緯度凍結の痕跡から、「地軸が大きく傾いていて季節変動が大きかった」という仮説は出されても、力学的にあり得ないと一蹴されるのが落ちです。従って、実験による検証が必要不可欠となります。

この実験で、宇宙逆立ちコマが実現すれば、太陽の周りを公転する地球の自転軸も公転と同じ向きにそろうだろうということになりませんか。現在の23.5°から10億年後には0°にそろう計算で、自転軸が公転軸にそろったところが安定ということです（実験が成功して初めて言えることですが）。割り算をすれば観測不可能なのろさが理解できますが、そののろさを止める手立てはありません。

ついでに、過去にさかのぼれば数十億年にわたって横倒しの状態だったことにもなります。それは、長期間赤道一帯が日当たりが悪く凍りやすい状態であったことを意味します。つまり、スノーボールアース説とは別の前提に立った仮説が成り立ちます。地軸大傾斜説（ウィリアムズ）や地軸逆転論（寺石良弘）が復活することになります。

さらに古くは、惑星は逆立ち誕生から順行へと逆転したとする説も出されていたことがわかってきました。今日、科学史的にも触れられることなく存在すらしなかった感さえ受けますが、20世紀初め、地軸逆転論にもささやかな賑わいのときがあったのです（第３章）。

軌道運動する自転体のひっくり返りの動きは、自転回転速度の公転回転速度に対する比に大きく依存します。地球の場合、仮説計算では自転軸がひっくり返るというか起き上がる動きは極端にのろいため、認知するには数十万年といった年数を要し、章動という上下する波に飲み込まれてしまい検知できません。つまり、残念なことに数千年程度の観測で検出できる動きではないということです。このことにより、本書が取り上げる問題は、研究対象としては共通理解が得られにくいテーマになります。

しかし、人工衛星内で低速コマが逆行から順行へと反転すれば、つまり起立現象が起これば、物理実験により実証されることになります。つまるところ、宇宙旅行者の遊び心にこそ発見のチャンスがありそうです。

もちろん、他の惑星の自転軸も公転と同じ方向（公転軸）に向かって動いているということにもなります。ただし、検知には数十万年かかる予想です。

惑星の逆立ち誕生論には古い歴史があり、原材料となる微惑星がおとなしくケプラー運動（円・楕円軌道）に従っていたとすると有り得る話です。微惑星が、太陽に近い方が速く遠い方が遅く回ることから、集積するとき結果的に逆立ちの自転となります。そこから46億年後に現在の自転軸の傾斜角が、水星0°、金星177°、地球23.5°になるというストーリーも展開できます。

「百論は一験にしかず」です。いかなる議論も一つの実験事実にはかないません。真偽のほどを決定するのは唯一実験です。それが市民レベルの実験で検証可能になりそうです。せっかく宇宙旅行するのならやってみるだけの価値はあると思います。その納得を得たい一心で、また、近い将来その実験が実施されることに熱い期待を込めて本書に取り組みました。

目　次

※本書の図等は、出典が明記されれば転載可です。

はじめに　— 実験成功時に言えること —

一般人が、宇宙旅行中に楽しめる遊びがてらの実験についての話です。それは、周回運動する人工衛星の内部でのコマ遊びになります。日常生活の延長線上でやれるような無重力空間でのコマ遊びで、そのテーマは「宇宙逆立ちコマは実現するか」です。宇宙船（人工衛星）の公転運動する軌道面があって、その進行方向の右手側を向いた自転が逆行スピンに当たりますが、その右手向きに1時間1回転ののろいスピンを与えられたコマが、11時間くらいかけてゆっくりと左向きに反転して公転の向きにそろうか、つまり、逆立ち状態から正立状態へとひっくり返るかを調べる実験です。

数学的解説は他書[1]にありますので、ここでは、その続きに当たる実験的検証について、準備、手順、およびその意義について、定性的に説明することに重点を置きました。

数式はともかく、遊び方として、ディスク状のコマ（ワッシャー・コインなどでもよい）に次の２つの初期条件、

1．回転速度（スピンの速さ）を時計の長針程度（60分1回転）ののろさにする

---

1) 原憲之介『ひっくり返る地球』海鳴社　2013年

2．スピンの方向を公転とは逆向きにする（周回宇宙船の進行右手方向）

を与え、切り離して室内に放置すればよいのです。後は、ひっくり返るか（コインなら裏返しになるか）を11時間くらいかけて観察するというものです。

本書の内容は、スピン軸がひっくり返れば「真」、その変化がなければ「偽」と判定できます。最低でも、歳差（公転軸を軸とするゆっくりした横回り）とそれに垂直な章動（小さな縦揺れ）は起こるはずで、地軸運動論の実験的検証にはなり得ます。

結果がどう出るかは、やってみないことには全くわかりません。遊びとして楽しんでいただけるなら、ありがたいと思います。

成功したら、第３章の内容が真実味を帯びてきます。つまり、地球は、逆立ち状態（地軸傾斜角180°）で生まれ、46億年をかけて徐々に起き上がり（傾斜角が減ってきて）、横倒し（90°）を経由し、現在の23.5°に至り、これから10億年後には正立（0°）して公転の向きにそろうだろうというストーリーです。横倒しの期間が長く続き（20億年程度）、赤道付近は日当たりが悪く凍結が起こりやすく、スノーボールアース説の代替案となり得ます。

その動きがいかにのろいかは、180°から23.5°までの156.5°

を46億年かけて動く速さを計算すれば理解できます。そのゆっくりした動きは、観測的に捉えることはそもそも無理な話で、実験的に証明するほかないでしょう。未来の宇宙旅行者の好奇心と遊び心に期待するばかりです。

煎じ詰めれば、本書の究極は未知の領域にあり、正否の判定には実験検証を要します。

第1章

メリーゴーランドに乗って

― ジャイロスコープはひっくり返る ―
(地上実験)

自転軸がひっくり返るとはどういうことなのかの話を始める前に、まず、他の紛らわしい現象との違いをはっきり区別しておきます。

回転させると高くなる
― コマ・コイン・ゆで卵・逆立ちコマ ―

物体は、床上で回転させると重心が高い状態になります。回転の向きは変わりませんが、物体の形体によっては見かけ上驚くべき現象にも見えます。地表では、回転しない物体は重心が最も低い姿勢で静止しています（安定した状態です）。これらは、私たちの目になじんだ光景で特に不思議とも思いません。しかし、一旦、スピンを与えると状況は一変します。本書では、スピンと自転を同じ意味で使います。

コマは静止状態では倒れていますが、回転させると立ち上がります。重心が最も高く直立した澄む状態（眠りコマ）にも達します。コインも同じで、スピンさせると立ち上がったまま回転しています。また、ゆで卵も回転させると立ち上がります。21世紀に数学的に解決された問題です[2)]。これらの現象は、回転させると床面との摩擦によって重心ができる

---

2) 下村裕『ケンブリッジの卵』慶應義塾大学出版会　2007年
下村裕「立ち上がる回転ゆで卵の解」『パリティ　18』丸善　52–56頁　2003年
H. K. Moffatt & Y. Shimomura, Spinning eggs—a paradox resolved, *Nature* **416**, pp. 385–386, 2002.

だけ高くなる物理現象と理解されています（水平方向の摩擦偶力が発生し、垂直方向のトルク ── 摩擦力のモーメント ── が形成され高くなる）。

特に、逆立ちコマはスピンさせるとひっくり返った姿勢で回転するので一瞬驚かされます。この悩ましい姿に、量子力学の巨匠ボーアとパウリが床上で興じている写真は有名です。見かけはひっくり返って見えますが、回転の方向は変わっていません。逆立ち状態は、床面との接触を保ちながら重心を高くするときの必然の姿です。1952年に真相が見抜かれました[3)]。

本書で取り上げる逆転（起立）問題は、これらとは全く異なるものです。重心の高さは変わらず、自転軸そのものがひっくり返ります。つまり自転（スピン）の方向が逆転する現象を対象にします。

---

3) C. M. Braams, On the influence of friction on the motion of a top, *Physica* **18**, pp. 503–514, 1952.
N. M. Hugenholtz, On tops rising by friction, *Physica* **18**, pp. 515–527, 1952.
C. G. Gray & B. G. Nickel, Constants of the motion for nonslipping tippe tops and other tops with round pegs, *Am. J. Phys.* **68**, pp. 821–828, 2000.

ジャイロスコープ自由度３
― 地上実験における器具の選定 ―

まず、身近な実験をやってその実感をつかんでおきましょう。それには、自由度３のジャイロスコープ（以後ジャイロスコープ３とも略称）と呼ばれる特別仕掛けのコマが必要となります（図１、写真１(a)、(b)、(c)）。そのコマは、重心を中心として、直交する３つの軸周りの回転が可能です。このジャイロスコープ３は、スピンするコマ（ジャイロ）を宙に浮かせた状態で、器具全体をテーブルや運動する物体に載せ、スピン軸の重心周りの動きを観察（スコープ）する装置です。

普通のコマでは重力の影響をもろに受けます。地表に放つと心棒が床面に接触し、重心周りの自由が利きません。接触点周りの運動になってしまいます。また、重心の高さが上下に変化し（立ち上がる・倒れる）、コマの縁が床面に接するなどして運動が妨げられます。

そこで、重心の高さを一定に保ったまま、重心周りの自由な動きが保証される特別な装置が必要となります。これがジンバルと呼ばれる輪っかで囲まれたコマ ― ジャイロスコープ自由度３ ― です。

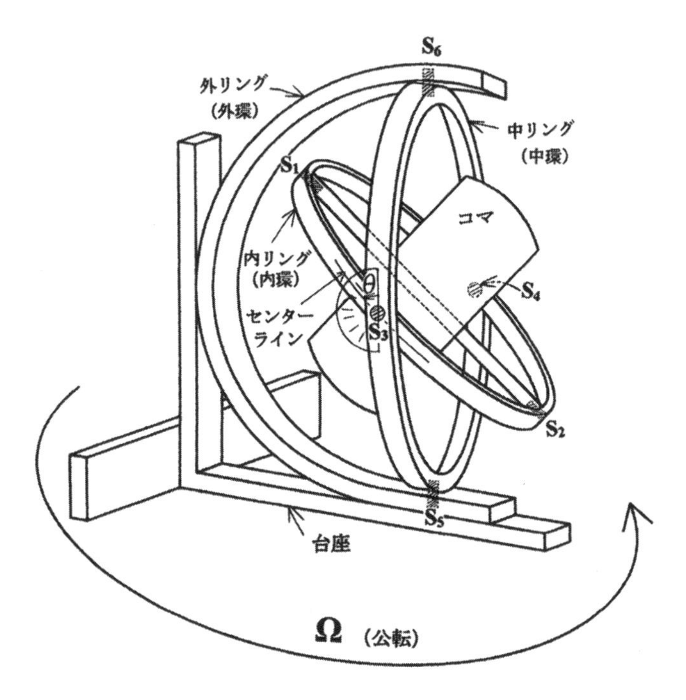

図1　ジャイロスコープ3

中心のコマは内リングの中をS_1S_2軸周りにスピンする。コマを含む内リングはS_3S_4軸周りに中リングの中を回転できる。中リングとその内部はS_5S_6軸周りに回転できる。３つの軸S_1S_2軸・S_3S_4軸・S_5S_6軸は互いに直交し、宇宙空間のどの方向にも向くことができ、自由度３のジャイロスコープを構成している。S_1S_2軸には穴がありヒモを巻き付け引っ張ってスピンさせる。スピン軸（S_1S_2軸）の傾斜角度は、S_3に貼り付けた分度器で、内リングに引いたセンターラインの角度で測ることができる（航空計器会社で教育用に作られたジャイロスコープ３のイメージ図[1)]）。

写真1　ジャイロスコープ自由度3のいろいろ（直交3軸回転可動性を持つ）

(a)　日本の高校物理実験室に普通に備えている（国産4.1 kg：理科教材会社から購入できる）（左）

(b)　イギリス製（手のひらサイズ400 g：super precision gyroscope with gimbals）（中央）

(c)　イギリス製（5.5 kg：台座を公転させ続けるとS_5から上部が外れ落ちることがある）（右）

画像はインターネットで、“super precision gyroscope (with gimbals)” の検索で出てくる。今は普通に外国から購入することは難しそう。地球ゴマなら簡単に手に入るが、自由度が足りず本書の実験には適さない。

自由度３（全方向自由度：ユニバーサルな自由度）は地上実験においては必須の条件なので、誤解なきよう説明しておきます。見分け方として、まず、コマにスピンをかけない(回さない）状態で確認します。簡単にいえば、コマなるものがあるとして、その目に付く一番外側に当たる部分（台座や外枠）を、手で机などに押さえつけた状態にして、指先でスピン軸を前後・左右・上下に軽く弾いてみます。スピン軸が指先通りに軽く動く装置でなければなりません。普通のコマは、手で押さえると動きません。

また、特に要注意なのは、地球ゴマと呼ばれる似て非なるコマです[4]。コマが宙に浮いた姿が、上述のジャイロスコープに似ているように見えるかもしれませんが、地球ゴマも、外枠を手で押さえるとスピン軸は指先で弾いても自由には動きません（大抵はスピン軸周りの回転のみ可)[5]。

---

[4] 戸田盛和『楕円関数入門』日本評論社　第７章　2001年

[5] 自由度は、何か他の外部物体に取り付けて使用することを前提に考えるとわかりやすいです。つまり、コマを内蔵する器具を外部体に据え付けて、スピン軸の動きを観察するとか、回転性を有効利用する場合です。１方向、つまり、スピン軸の周りにしか回転できない場合の自由度は１です。地球ゴマがそうで、他に取り付けるか押さえれば、１つの軸周りにしか回転できません（まれに自由度２もあるようですが)。なお、自由度２のジャイロコンパス ── スピン軸が地球自転軸（北極方向）にそろう ── もここの実験には不適です。取り付ける外部体に相対的な自由性を問題にします。普通のコ

従って、普通のコマや地球ゴマは、ここでの実験には適していないことになります。そこで、特別に用意する必要があります。しかし、そんなコマは一体どこにあるというのでしょうか。

高校の物理実験室にあります（写真1(a)）（理科教育振興法の補助対象機器）。実際に、台座や外枠を手で押さえてもスピン0の状態なら、指先で弾けばスピン軸は自由にどの方向にも動かせます。地表では物体に一様な重力がかかっていますが、このジャイロスコープのコマは重力を感じないように、ジンバルという輪っか（リング：内環・中環・外環）で囲まれバランスが取れるように設計されています（直交する3軸周りの回転可動な器具）。

なお、後述の人工衛星内での実験では、無重力状態になるので基本的にはジンバルは必要ありません。ただ、空中に放てばよいのです。そこでの最重要事項としては、時計の長針程度ののろいスピンを与える時計仕掛けの装置が必要になることです。

自由度3のジャイロスコープは高校物理実験室から借りる

マは、ひもを巻き付け放り投げて遊びますが、何かに据え付けて使用しないので、ここでの自由度という言葉はなじみません（使用目的が違います）。コマは、地表では重力に引き付けられ自由が制限されますが、無重力空間に出れば自由度3になります。

とよいでしょう[6]。他には、インターネットなどを通じて外国からも購入できます。イギリス製で手のひらに載るサイズのものもあり（写真１(b)）、形は変わっていますが、自由度３を満たし実験に差し支えありません[7]。

外国産では一番外のジンバルが半円で（支点S_6が無い）、また、最外軸のS_5(S_6) 軸が鉛直方向に限定され、重量をS_5で支えるものが多く、回転台に載せた実験中にネジ部（S_5）が外れてコマがジンバルごと落ちるものもあり、要注意です(写真１(c))。その原因は、台座は回転台と一緒に回転する一方、スピンをするコマを含む上部は外の空間に対し一定の水平方向を保つため、台座とは逆回りすることになり、結果的にネジがゆるんで外れるのです。

国産（写真１(a)）のものは、最外枠のジンバルを、垂直面内に回して傾きを自由に変えて使えます。つまり、最外軸のS_5S_6軸を床面に対して縦・横・斜めと自由に変えて実験できます。

---

[6] 国内の理科教材会社から買えば10万円くらいします。

[7] Gyroscope.com 社製の super precision gyroscope with gimbals（写真１(b)）は、安かったのですが、今では手に入れるのが難しそうです。アメリカの製品もいざ購入しようとするとストップがかかります。

ジャイロスコープ３の生い立ち

このような器具を、一体、いつ、どこの、だれが、なんのために作ったのでしょうか。話は18世紀にさかのぼります[8)]。当時は、海を渡るとなれば船しかなく、一旦、大洋に出れば嵐にあっても頼るものはありません。何とかして、船が外の空間に対しどのように揺れているのか知りたいものです。そこで発明されたのがジャイロスコープ３です。水平方向を一定に保つ器具があれば、それに相対的に船自体（自分）の揺れ動き（傾き）がわかります。

自由度３のジャイロスコープもコマを回さない限り、スピン軸は乗り物と一体化した揺れ動きをします。しかし、一旦、スピンが与えられると、台座がどのように揺れても最初のスピン軸の方向を指し続ける性質を持っています。従って、ジャイロスコープの台座をしっかり船に固定さえすれば、船が嵐で揺れるとき台座（最外枠）も船と一緒に揺れますが、内のスピン軸方向は最初に与えられた方向と変わりません。それは、スピン軸は、台座がどんなに揺れ動いても中

---

8) フライエスレーベン『航海術の歴史』岩波書店　第８章、第16章　1983年

を取り持つ内・中・外のジンバルの回転に吸収され、最初の方向を保ち、外的要因から影響を受けないよう設計されているからです。最初、水平にスピンを与えておけば、その不動の水平に相対的に揺れる船の傾きがわかります。直交する３軸周りの回転自由の組み合わせにより、スピン軸は最初の方向を保つことができるのです。

つまり、台座・外枠の揺れ動きには関係なく、内に納められたコマのスピン軸は、宇宙空間に対し同一方向を保つように設計された装置で、自由度３とかユニバーサルな自由度と呼ばれています。このスピン軸の方向一定性がジャイロスコープ３の特性として常識化しているようです。つまり、台座をどのように動かそうとも、スピン軸は空間に対し一定の方向を保つとの認識が、根強く一般常識として浸透しているということです（ところが……と、本書は、後に異議を唱えます）。

フーコーは振り子に次いでジャイロスコープ３を作り、地球の自転を証明する実験をしました[9]。ジャイロスコープ３

---

9) ダンネマン『新訳ダンネマン大自然科学史　第９巻』三省堂　73頁　1979年
アクゼル『フーコーの振り子』早川書房　147頁　2005年
宇宙空間に対して不動の方向性を生み出す器具を発明すれば、それに対する地表の動きから地球自転を捉えることができます。19世紀の高速回転するスピン軸は、宇宙空間に対し同一方向を保ち続けます。一方、その台座は部屋・地球と共に宇宙空間に対して回転するため、結果的にスピン軸方向が部屋に対してわずかに動いて見えるという理屈です。

仮に、コマの回転速度をのろく1分60回転としても（普通のコマならこの数倍は速い）、その回転速度は地球自転1日1回転に比べて86400（60×24×60）倍の速さになります。また、1周90分の人工衛星内においても、同じスピンなら5400（90×60）倍になり、同様な相対運動が有り得るでしょう。スピン軸が、高速であるがゆえに宇宙空間に対し

半ば、フーコーはその器具を２つ、振り子とジャイロスコープ３を作り実験しました。ジャイロスコープのスピン軸の方向は、振り子の振動面同様に、宇宙空間に対し不変の方向を保ちます。一方、コマを支える土台・テーブル・床・部屋は地球と共に回転（自転）します。不動のスピン軸に対して部屋に固定した目印の動きから、逆に地球の自転がわかるという論法です。論文にして発表され論理は理解されましたが、目印の移動については科学史的に議論が残りました。限られたジャイロスコープの回転時間（摩擦で減速）中に、わずかな動きが意味ある量として捉えられただろうかという疑問です。この疑問は頷けますが、別のテーマになるのでこれ以上の深入りはやめて、論法の理解に止めておきます。なお、後述のひっくり返る時間に関しては、回転台に載せれば数分程度ですが、地表に置いて地球を回転台として利用する場合には1800年かかる計算です。従って、地表に置いての反転の動きは、現実にはないと考えるのが妥当でしょう。

不動の姿勢を保つため、乗り物と一緒に動く観測者に生じる相対的な見かけの動きです。

しかし、本書の対象は、この自転回転速度の公転回転速度に対する比が数倍程度という次元の異なる世界です。コマが重力のもとで公転するとき、スピン軸は、低速であるがゆえに、宇宙空間に対し最初の方向から実際に動いていく可能性を論じると共に、その真偽を判定する実験を提唱するものです。

回転運動の方向の表し方
― 回転方向（2次元的）と回転軸（1次元的）の関係 ―

話を進める前に、ここで自転・公転を含め、回転の方向性について一言しておきます。回転運動は誰でもイメージはできますが、言葉の表現ではうっかりすると誤解を招きかねません。時計の針の回り方なら時計回り（右回り）と一義的に決められそうですが、では、水車や観覧車の回転方向は、右回りか左回りかに一義的に決められるでしょうか。こちら側から見て時計回り（右回り）なら、向こう側から見れば反時計回り（左回り）になっています。同じ回転をしているのに、見る側によって時計回りとも反時計回りとも言えます。時計なら文字盤を見る側が一方に決まっているので右回り（時計回り）と言えそうですが、裏から透けて見えるなら左回り（反時計回り）になります。同じ回転でも、見る側によって表現が逆になります。回転の向きそのものは変わっていないのに、見る側に応じて2つの異なる正しい回転表現ができます。これは、困ったことです。時計・水車・観覧車などは、回転軸は空間に固定されているので、表現がどうあれ実用上困ることはないでしょうが、本書のように、宙に浮く回転体の回転軸の向きの変化を議論するときには、誤解の生じない表現が求められます。

本書では、最初に与えたコマの回転はそのまま（回転速度はほぼ一定）にして、公転運動させるときの姿勢の変化を取り上げます。回転を遅くする・止める・逆回しにするなどの手を加えたりしません。コマやコインの片面に色を塗るとき、色面の空間に対する姿勢変化を問題にします。

というわけで、回転の方向について確認しておきます。円を時計回りに回すといった２次元運動的な言い方と、右ネジを回すと釘が刺さる（矢が飛びだす）といった１次元運動的な言い方の２通りがあり、互いに垂直な関係になっています。ここでは、円の中心から一本の矢が突き出るイメージで回転軸とし、その方向変化を取り上げます。円から突き出た矢がイメージできれば、どこから見てもその円の回り方が特定できます。右ネジを回す（側に立つ）と、釘（矢）が進むと考えるのです。このとき、釘先の進行する直線方向を回転する方向と決めると、回転の方向は１つに決まります。ダイヤルを右回り（時計回り）に回す方向 ──「回転方向」（円を回す方向：２次元的）── と、右ネジを回すときの釘先の進む方向（円に垂直）──「回転軸」（釘先の進行方向：１次元的）── を同一視します（数学分野でベクトルの外積に相当します）。

繰り返せば、回転中心に円を貼り付け、中心を通る垂直な直線を想定するとき、２つの方向があり、このうち１つを回転の方向（+）── 回転軸 ── と決めます。時計を見る側から針と同じ方向にネジを回すと、壁に突き刺さる方向を回転軸と呼ぶことにします。つまり、回転運動があるとき、その動きに右ネジをあてがい、右ネジの進む方向が回転軸となります。回転は、水平面でも鉛直面でも斜面でも考えられます。

また、回転軸は円の大小に関係なく、紙上をコンパスが描く円も、天空を惑星が描く円も同じ表現です。この方法を使えば、水車や観覧車の回転も一義的に東向きとか西向きとかといった方位で決められます（右ネジに動く側に立つときの視線方向に当たります）。

台風でいえば、北半球では2次元表現で、上空36000 kmの気象衛星からは反時計回りに見えますが、地表から見上げれば時計回りの動きです。もっとも、地表から10 km程度の高さ（厚さ）なので全体像を捉えることは難しいでしょうが。右ネジをあてがえば地球中心から外部に向かう進行方向に当たり、矢のイメージで1次元表現すれば、上向き（外向き）と言えるでしょう。

地球自転でいえば、自転という回転軸は極軸の北極方向になります。それは地球をボールに見立てるとき、赤道を右ネジ方向に回すとき進む方向が北極に当たるからで、自転軸の方向になります。また、地球の公転軸方向についても、太陽周りの軌道面を黄道面と称しますが、この軌道を右ネジに合わせるとき、進む方向は黄道北極に当たり、これを公転軸と呼びます。つまり、回転面を突き通る垂直な右ネジ進行方向が自転軸、公転軸になります。現在、地球の自転軸（北極）の傾斜角は、公転軸（黄道北極）から23.5°傾いた状態にあります。

同じ内容ですが、２次元面を使った言い方では赤道傾斜角とも言います。これは、自転軸より90°先にある赤道面は、公転軸より90°先にある黄道面から23.5°傾いているとも言えるということです。

本書では１次元的方向表現を使うことにしますが、現在、惑星の自転軸の傾き（方向）は、水星0°（順行)、金星177°(逆行)、地球23.5°（順行）ということになります。

公転させるとひっくり返る
— メリーゴーランドに乗って —

さて話を戻しますと、自由度3のジャイロスコープは、台座の揺れ動きに関係なく最初のスピン軸の方向を指し続け、これがジャイロスコープの特性として常識化していると述べました[10)]。

しかし、このジャイロスコープも回転（公転）し続ける乗り物に載せるときには、そのスピン軸はこれまでの常識とは違った動きをします。嵐などによる不規則な揺れ動きの場合とは異なり、この点は、本書では極めて重要になります。自

[10)] J. Perry, *Spinning Tops and Gyroscopic Motions,* pp. 21–23 & p. 101, Sheldon, London, 1890 (reprinted by Dover, 1957). H. Crabtree, *An Elementary Treatment of the Theory of Spinning Tops and Gyroscopic Motion,* pp. 11–12, Longmans, Green, and Co., London, 1909 (reprinted by Chelsea, 1967). 1890年・1909年の上記書物には、ジャイロスコープ3を手に持って体ごと回転しても、自転軸の方向は外の空間に対して一定の方向を保つと載っています。つまり、公転させても自転軸の方向は変わらないということで、これが今日まで常識として深く根付いているということです。その後の文献にも、摩擦や偶力のモーメントがあれば縦にも動きうるとのコメントは見受けられますが、方向の不変性の方が強調されています。

由度3のジャイロスコープは公転運動を続けると、確かに水平方向には（外の空間に対し）一定方向を指し続けますが、鉛直方向には公転軸にそろうまで縦に動きます。この現象は、今でもあまり知られていませんが、決して器具の不具合のせいではありません。ジャイロスコープ3に共通した現象です。回転台に載せられたジャイロスコープ3のスピン軸は、水平方向には一定の方向を指しても、垂直方向には動いて傾きが変化します。どの傾きからスタートさせても、たとえ逆立ちからであっても、最終的には回転台の回転と同じ向き ── 鉛直公転軸 ── にそろいます[11)]。誰でも実験して確認できます。

---

11) 1905年に、ジャイロスコープ3を回転させると、逆立ちから正立へと逆転するという現象は、W. H. ピッカリングの定性的な報告があり、地軸逆転論に関連付けようとしていました。

W. H. Pickering, A little known property of the gyroscope, *Nature* **71**, pp. 608–609, 1905

私が他書[1)]で述べた内容「100年来の常識を打ち破る実験」は調査不足による間違いで、ここに訂正しお詫びします。正しくは、この現象の力学的解明が100年後ということです[24)]。逆転現象を真正面から捉えた論文は、定性的には20世紀初頭に出ていたのです。しかし、知識としては、定着しなかったようです（論文査読者の反応からもうかがわれます）。アイデアは、100年昔にあったのですが、今ではすっかり忘れ去られたようです。これらは、古い文献の中からやっと見付けることができました（第3章弁明）。ただし、本書の地軸逆転のメカニズムは、視点を異にする新しい仮説です。

因みに、コマを回さないスピン０の状態で回転台に載せるとき、スピン軸は回転台と一体化して動きます。つまり、傾斜角一定のまま回転台と一緒に回ります。回転系に乗って見ればスピン軸は静止しています（支点がベアリングでできた摩擦の小さい場合、中のコマだけが傾き一定のまま回転台とは逆回りにスピンすることがあります：角運動量保存則によります）。

回転する台は、昔ならレコードプレイヤー、今では高校物理実験用回転台、もっと身近には回転する椅子があればその上でも結構です。手のひらに載るような小型ジャイロスコープなら、100円ショップで売っている調味料用回転台に載せてもできます。高校物理実験用ジャイロスコープは重いもの（4.1 kg）ですから、部屋でやるなら物理実験用回転台がよいでしょう。

屋外なら最もポピュラーな回転する乗り物といえばメリーゴーランドで、ジャイロスコープのスピン軸はメリーゴーランドの回転（公転）と同じ向き（鉛直）にそろいます。誰でも手軽にできる実験で、遊びがてらメリーゴーランドに乗ってやればちょっとした宇宙実験の気分が味わえるかもしれません。このとき、馬車内か床上がよく、馬上では上下する余計な運動が加わり、反転することに変わりはありませんが、混乱を招きかねません。単純円運動する乗り物であれば同じ実験が体験できます。私の最初の実験は、仙台八木山ベニーランドのバルーンレースという乗り物でした。

ここで、公転とはどんな回転かを誤解のないように言及しておきます。公転とは、公転する台に矢印を1本付けておくと、公転するとき、矢印は外の空間に対して360°方向変化し続けることを意味します。人が手に持つ場合には、フィギュアスケート選手のように体ごとスピン（ゆっくりでもよい）しなければなりません。要注意なのは、手に持ったまま自分の目の前で手をクルクル回す場合で、付けた矢印は前後左右に往復運動するだけなので公転とはいえません。円運動を続ける乗り物に載せる必要があります。メリーゴーランドはこの条件を満たします。また、車でグラウンドを円運動するとか、モーターボートで海上を円運動するのであれば、矢印の方向は外の空間に対し360°方向変化するので大丈夫ですね。このとき、スピードそのものよりも1周に要する時間（公転周期）の自転時間（自転周期）に対する比が問題となります。

ジャイロ効果
― 自転軸は方向変化に直交応答する ―

回転体には、回転軸の方向を変える作用が働くと、それに抵抗して作用の方向とは直交する方向に応答する性質があります。これをジャイロ（スコープ）効果といいます。例えばコマを水平にし、軸の一方の先端を可動構造の支点とします(工夫が必要です：円錐状に尖った先でもよい)。スピンがないと当然下に落ちますが、スピンを与えると下に落ちずに水平にゆっくり回る動きをします（床に触れない余裕ある高さが必要です)。これは回転体を下に落とそうと重力が方向変化を強制するため、それに抵抗して重力方向とは直交する水平方向に動き出す現象として知られています。ジャイロ効果と呼ばれ、インターネットで数々の動画が見られます。重力による鉛直方向への変化（落下）に対して、直交する水平方向に動き続ける（歳差と呼ばれる回転運動をする）ということです。ここでは**重力ジャイロ効果**と称して後述の効果と区別しておきます。

アメリカの大学では、自転車の車輪を使った演示実験があるそうです。車輪は下に落ちずに横にゆっくり回り、驚きの実験となるようです。

コマが重すぎたり支点が滑りやすかったりすると下に落ち

るので、支点の構造の工夫や高速スピンが必要になるなど、この現象の実現にはコツを要します。

運転中の工作機械の回転軸をちょっとずらして調整しようと力を込めたため、思わぬ方向への反発を食らい怪我をするケースは昔から多々あるようです（向こうに押したはずなのに何でこっちに跳ね返ってきたのかと仰天します）。回転体の方向を変化させると、回転軸はその変化に直交する方向に応答します。変化の緩急に応じた応答になります。自転が続き、方向変化が続く限り、この動きは緩でも急でも続きます。これらの現象は想定外の動きとして驚かされます。今では物理学的に角運動量はトルクの作用で変化すると片付けられても、初体験者には強烈な印象として残ります。

この現象は、経験則的に発見され、後付けで物理学的に説明される部類に属するようです。予想外の事態が発生し、後で説明が付けられるといった類（たぐ）いの現象です。自転している回転体に方向変化の作用があると、それに直交する方向に動く。つまり、鉛直変化には水平方向に応答し、水平変化には鉛直方向に応答するという現象です。これが本書を貫く経験則的原理となります。

繰り返しになりますが、ジャイロスコープ３を回転系（回転台やメリーゴーランド）に載せると、スピン０のときは回転系と一体化して回りますが、スピンを与えると、スピン軸は水平方向には一定でも垂直方向には公転軸にそろうように動きます。スタート時に逆立ちのスピンは、ひっくり返って回転系と同じ正立の向きにそろいます。つまり、起立現象が起こります。インターネットに動画が最低一つはあります[12)]。**重力ジャイロ効果**のように沢山の作品が投稿されると、もっと身近になってくるのですが……。

回転系に載せられたジャイロスコープ３において、重量を支える台座は一緒に回転しますが、その回転運動はジンバルを通して中のコマに伝えられます。スピンしているコマは、その水平方向の回転強制変化に応答して垂直方向に動いていきます。最終的には、外見上垂直に止まった状態に見えますが、実は乗り物と同じ回転の向きにそろう運動を続けているのです。こちらはあまり知られていませんが、メリーゴーランドに乗って実験すれば確認できます。ジャイロスコープ３が空間の一定方向を指し続けるという固定観念は、この実験事実によって打ち破られます。上述の**重力ジャイロ効果**と区別して、**公転ジャイロ効果**と呼んでおきます。これが、本書の出発点になる実験的根拠です。

視点を変えて眺めてみます。外部から見てスピン軸が水平に一定方向を指すということは、回転系から見れば逆回りし

---

12)「ひっくり返る地球　プロモーションムービー」https://www.youtube.com/watch?v=9ZQGt6HY_iY

ていることを意味し、回転系に対して運動（方向変化）していることになります。このとき、ジャイロ効果が発生します。

スピンをかけずに回転系に静止している場合には、ジャイロ効果は発生しません。自転が公転に一致している月のような場合です。これは正確に言えば、外の空間に対し１公転につき１自転していることになります（１公転１自転）。この公転軸周りの１自転は、スピンのあるなしに関係なく幾何学的に発生するもので、周回軌道を描く物体の宿命といえます。この幾何学的関係は、紙に大円を描きその円に沿って矢印の付いた小円を、常に矢印を大円の中心に（同じ顔を）向けたまま、一周させる観察から理解できます。この１公転１自転の場合の自転軸は、公転軸に一致しています。ここでは、幾何学的自転（スピン）と呼ぶことにします。傾きを持った自転体にとっては、この幾何学的自転は公転軸周りの１自転になり、本来の自転軸とは回転の軸が異なるものです[13)]。

[13)] もう少し突っ込んだ議論をしておきます。地球が太陽の周りを１周するときの地球の自転についてです。太陽の周りを１周するのに365.25日かかる、つまり、１年＝365.25日（100年＝36525日）を採用します。このとき、地球の宇宙空間（慣性系空間）に対する自転は正確には以下のようになります。ここで、$\mathbf{e}_3$は地球自転軸方向（北極）を、$\mathbf{k}$は地球公転軸方向（黄道北極）を表す、長さ１で方向

まとめると、スピンするコマは、地表において重力（落下）による鉛直方向変化に対しては、水平方向に応答しゆっくり水平に回り続けます（**重力ジャイロ効果**）。一方、公転による周回運動を続ける水平方向変化には、垂直方向に応答し公転軸にそろうまで縦に動きます（**公転ジャイロ効果**）。これは地上実験、つまり、回転台やメリーゴーランド上で確認できます。

のみを表す単位ベクトルを用います。すると、1年当たりの自転回数は365.25$\mathbf{e}_3$+1·$\mathbf{k}$となります。この意味は、自転軸$\mathbf{e}_3$周りに365.25回回転し、公転軸周りに1回転するということです。この年間1·$\mathbf{k}$なる回転（角速度Ω）は、公転系に相対的に静止していることを意味し、自転軸への影響はなく（地軸に年周変化はない）、月と同じです。現在、$\mathbf{e}_3$方向は$\mathbf{k}$方向から23.5°傾いています（地軸傾斜角）。通常、地球自転は1年に366.25（365.25+1）回とされますが、内訳は365.25回の自転と1回の公転による幾何学的自転の合計になります（23.5°の違いの影響は小さい扱い）。月と同様、公転系に対し静止して（常に同じ面を地球に向けて）いても、必然的に、宇宙空間に対しては1公転につき1自転していることになります（1·$\mathbf{k}$の意味）。これは公転するすべての惑星に通じることで避けられません。

比較のため、天王星について語れば、太陽周りに1周するのに84年かかりますが、その間の自転回数は、1自転に0.718日かかるとして、自転軸$\mathbf{e}'_{U3}$周りに42731（84×365.25÷0.718）回と公転軸周りの1回の合計42731$\mathbf{e}'_{U3}$+1·$\mathbf{k}$回となります。現在$\mathbf{e}'_{U3}$方向は$\mathbf{k}$から98°傾いています。

摩擦が引き起こす方向変化に応答するジャイロ効果

ここで、回転系（回転台やメリーゴーランド）上で発生する、ジャイロスコープ3のひっくり返る現象を引き起こす原因について考察します（回転系の回転速度Ωはモーターなどで与えられるものとし、考察の対象から外します）。

まず半径Rの円運動するコマに働く力として、中心力と遠心力（Ω^2に比例[14)]）が考えられますが、互いに釣り合って円運動を維持しています。中心力（向心力）は、回転台やメリーゴーランドが回転を維持する張力です（人工衛星の場合は地球の万有引力になります）。また、遠心力は半径Rの円から外に飛び出ようとする力ですが、中心力と釣り合っています。

形あるコマ（や天体）に働くこの中心力と遠心力は、コマの重心に全質量が集中したとする「点」扱いができ、コマのスピン軸に重心周りに運動を引き起こすトルクにはなりませ

14) 半径Rの円を周期Tで周回する一定の円運動を考えます。角速度は$\Omega = 2\pi/T$、速さは$v = 2\pi R/T = \Omega R$です。速さは一定値でもその方向は半径vの円を周期Tで円運動すると想定できるので、その変化率つまり加速度は$a = 2\pi v/T = \Omega v = \Omega^2 R$となります。

ん。このことは、地軸に年周運動がないことからもわかります。もちろん、回転台の中心（$R=0$）に置く場合は、中心力・遠心力の効果はなく考慮の必要はありません[15]。

では、一体何が原因なのでしょうか。それは公転運動するジャイロスコープのコマ・内環・中環の重量を支える台座の支点S_5（図2）に発生する摩擦にあります。この事情は、回転台上の中心や端のどの位置に置いても同じです。

回転台やメリーゴーランドに張り付けた矢印は、外の空間に対し1公転1自転します。このときコマは、スピン0なら回転台と一体化して影響は出ませんが、スピンがあると回転台が回転しても、スピン軸は一緒に回らず外の空間に対し一定の方向を保ちます。このことから、回転台に対してS_5のコマを含む上部側は、台座とは同じ速度で逆方向に回転していることがわかります。

支点S_5にはジャイロスコープの重量がかかっています。この台座に対し逆回り運動することから公転の方向に摩擦が発生します。工学分野で軸受摩擦モーメントと呼ばれるもの

15) もう1つ、1公転1自転から生じるコマの重心周りの遠心力が考えられますが、この幾何学的回転は公転系に相対的な静止を意味しているので、スピン軸へ影響する作用は発生しません。スピンをかけないで回転系に載せて見れば、一体化した動きになることから確認できます。

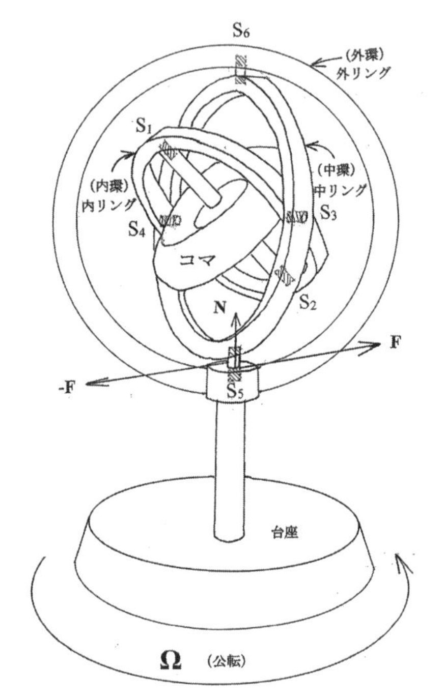

図２　ジャイロスコープ３の逆転

公転するジャイロスコープ３は、逆行スピンを与えられると順行スピンへとひっくり返る（縦に動く）。このとき、スピン軸の水平方向は、外の空間に対して一定の方向を指し続ける（外から見て横には動かない）。一方、支点 S_5 の台座側は回転台と一緒に公転するので、これは、コマを含む上部側は台座に対し全く同じ速さで逆回転していることを意味する。従って、S_5 には公転の向きに水平な摩擦偶力 **F**、**−F** が発生し、垂直な摩擦モーメント（トルク）**N** を形成する。これが、ジンバルを通して中のコマに伝わり、コマをひっくり返す。

です[16)]（直径の両端の水平偶力が垂直トルクを形成する）。公転させるとS_5に発生するこの摩擦が、ジンバルを通して内のコマを一緒に公転させようとします。このとき、公転という方向変化に抵抗する応答が垂直方向に起こります。

つまり、コマは重心を宙に固定した状態で公転という水平方向変化を強制させられ、垂直運動の応答という公転軸にそろう動きとなります。これが**公転ジャイロ効果**の実体原因です。この効果は、公転角速度Ωを使えばΩ^2に比例します。

極端な話として、摩擦が無ければ、方向変化作用もなくジャイロ効果は発生しないでしょう[17)]。しかし、摩擦なくし

---

16) 入江敏博・山田元共著『工業力学』理工学社　148頁　1980年

17) では摩擦がないとどうなるかの考察をしておきます。S_5に潤滑油を塗って摩擦を減らすことを想定します。スピン0なら公転角速度Ωより遅いΩ'（$\Omega > \Omega'$）でS_5を回すことになるでしょう（一体化せず遅れた回転になる）。S_5に載っているジャイロスコープも同じです。ΩをΩ'に、μ（静止摩擦係数）をμ'（動摩擦係数）に代えて同じ議論が展開できるでしょう。図1のS_1からS_6までの6個の支点は、器具の性能を上げる観点からできる限り摩擦を少なくするように作られているはずです（尖点やベアリング）。しかし、現実には、私が実験した4つのジャイロスコープ ── 高校物理実験用（写真1(a)）・航空計器会社製（イメージ図1：支点がベアリングでできており実験データを得た）、イギリス製（写真1(b)：手のひらに載るサイズ）・イギリス製（写真1(c)） ── は、いずれもスピン0のとき回転台と同一のΩで回るものばかりでした。つまり、スピン0で回転系と一体化して相対的に静止するジャイロスコープばかりでし

てジャイロスコープ3は製作できないでしょう。

た。工夫をすれば、Ω'（$<\Omega$）に減らすことは可能かもしれません。しかし、究極0にすることはできるでしょうか。摩擦0では器具そのものを製作できないでしょう。それを無理に0にできたとしましょう。このときには、ジャイロ効果は起こらないはずです。水平方向変化がコマに伝わらないからです。つまり、公転Ωを直接原因とするスピン軸のひっくり返り現象は発生しないはずです。ただ、宇宙公転系において、それとは別種の回転（相対）運動があれば話は変わってきます（第2章）。

地上実験から宇宙実験を予想する

本書は、人工衛星の中で、コマに時計の長針程度の、つまり、60分1回転の逆行スピンを与えた後、切り離して宙に浮かべた状態にして、スピン軸の動きを観察する実験を提案します。摩擦はないが水平方向変化が起こり得るケースを扱います。初期条件が満たされ起立現象が起こるとしても、半日はかかる極めてのろい、時計の短針並みの動きを想定しています。

地上実験で、見た目にコマがひっくり返る現象は、力学的にはコマの角運動量がひっくり返ることを意味します。この角運動量の方向を変えるにはトルクという回転力が必要になります。地上実験では、このトルクの源は摩擦で、重量を支える支点に発生します。この摩擦力は、支点円の直径の両端において、互いに反対向きの接線方向に働く一対の偶力で表すことができます。これが、水平偶力のモーメントという鉛直方向のトルクを形成し、ジンバルを通してジャイロスコープ内のコマに伝わり、最終的にはコマのスピン軸をひっくり返します。つまり、逆転（起立）現象を起こします。

宇宙実験で宙に浮くコマのスピン軸がひっくり返るのにもトルクが必要です。しかし、宙に浮いているので摩擦は働きません。それに代わるトルクがあるでしょうか。それが本書の仮説となりますが、実験的証明が必要となります。地上コマに重力による落下という垂直方向変化が起こるように、宇宙コマにも重力による歳差という水平方向変化（公転面に平行なのろい回転）が起こります。これは、重力の副成分が球からずれた円盤や扁平体に作用するトルクによるものです(主成分のスピン軸への効果は無い：第２章)。メリーゴーランドという回転系で水平方向変化が垂直運動を起こしたように、宇宙回転系で水平方向変化が垂直運動を起こすと考えられます。

第2章

国際宇宙ステーションに乗って

— 宇宙逆立ちコマは実現するか —
（宇宙実験）

「宇宙逆立ちコマは実現するか」── このようなことを考えるに至った経緯は、第３章の地軸逆転論に端を発し、第１章の地上実験を経由し、この章の宇宙実験で証明できるのではないかというものでした。話を進める都合上、順序を現状に変えています。

宇宙実験室の条件と実験の要領

宇宙旅行にもいろいろあるようですが、ここでは地球をグルグル回る人工衛星、特に国際宇宙ステーション（ISS）への旅行に話を限定します。地上約400 km 上空を周回運動する乗り物（宇宙船）で、万有引力により約90分で地球を１周することになります。地表すれすれでも約84分で１周しますから（シューラー周期）、数百キロメートル上空では１周約90分となります。この周期は地球中心からの距離で決まりますが、地球の半径が約6400 km あることから、数百キロメートル上空でも周期はさほど変わらないということです。

その内部でやれる実験で、例えば器具も一辺20 cm 程度の透明な箱（クリアボックス）をイメージしています。これは、船内の生活環境整備や人の動きに伴う、空気の流れや乱れに影響を受けない配慮です。この中にコマ（ディスク状）を取り付け、時計の長針程度のスピン（60分１回転で公転の1.5倍の速さ）を与え、切り離す実験です。箱は、人工衛星の軌道に対する姿勢（xyz 座標軸）と室内の座標軸（前後・左右・上下）との関係が把握しやすい形（直方体など）が良いでしょうか。つまり、無重力の船内において、スピン軸の衛星軌道に対する逆行・順行の方向性と、実験器具との方向関係がつかみ易いものです。

メリーゴーランドは、地表で水平面上を回転します。つまり、地上実験では円軌道は重力に対して垂直な面になります。円運動に右ネジを合わせたときの方向が公転軸になりますが、上下のどちら向きになるかは、メリーゴーランドの回転の向きによります。上空から見て、反時計回りなら公転軸は鉛直上向き、時計回りなら公転軸は鉛直下向きということです。いずれにせよ、その回転方向に対し逆向きにスタートしたスピン軸は、ひっくり返ってメリーゴーランドの回転と同じ向き（公転軸）にそろうということでした。

ところが、宇宙実験では、この方向関係が変わりますので要注意です。公転するコマのスピン軸の逆行・順行の方向は、軌道面を基準にして決めます。重力は地球中心と人工衛星を結ぶ方向に働き、円軌道を描くので、重力はこの軌道面内にあります。公転と同じ向きの自転を順行といい、逆向きの自転を逆行といいます。問題は、公転とは逆向きにスタートしたスピン軸が、周回するうちに順行に向かって反転して公転軸にそろうかということですが、その方向関係を確認しておきます。

人工衛星の姿勢（LVLH 系[18]）は、地球中心方向が $+z$ 軸、

---

[18] JAXA の公式サイトに載っています。LVLH は Local Vertical Local Horizontal の頭文字です。人工衛星の重心に準拠した局所座標系で

進行方向が $+x$ 軸ということです。船内でいえば、足下の方向が地球中心に向かう $+z$ 軸に当たります。船内での上下方向は視覚的にわかるそうです（上に照明、床側両脇に青い線がある)。次に、進行方向を確認して $+x$ 軸とします（大事です)。居住室となる筒型船の主筒は進行方向に沿っており、副筒が直角方向に取り付けられることもあるので、どこで実験するかで、$+x$ 軸方向は室内感覚的に異なります。顔が進行方向（$+x$ 軸）を向くように立つとき、右手側が $+y$ 軸に取られます（座標の決め方は右手系で、zxy の循環にする慣わしで、xyz、yzx でも同じです)。

宇宙空間から見ると、人工衛星は進行方向に向かって円軌道を描くので、衛星が進行する軌道円の接線方向（前方）が $+x$ 軸になります。天空上、地球を周回する軌道を右ネジに合わせるとき、ネジの進む方向は室内では左手側（$-y$ 軸）に当たり、それが公転軸になります。

ということは、公転の逆方向である右手側（$+y$ 軸）を向いてスタートしたスピン軸が、左手側の公転軸（$-y$ 軸）方向に向かって動くか ── 逆行スピンから順行スピンへと反転するか ── という問題になります。第１章ではコマが円運動する水平面が基準でしたが、ここではコマが軌道運動する軌道面、船内では垂直 zx 面が基準になります。どちらも軌道

一緒に公転運動します。

運動面を基準にして、逆行・順行を決めています。

予備テストとして、直方体を室内で適当な角度を持たせた状態にして、スピン軸がいつも決まった方向（$-y$ 軸）に向かって動くか、を確認してからの方がよいでしょうか（時間はかかるでしょうが）。

さて、月はいつも地球に同じ顔を向けて公転しています。月と一緒に回る公転系に載っていると想定すると、月はその公転系に相対的に静止している（スピン 0）ということです。地表のコマでいえば、その状況は、地表という自転する回転系の上に倒れたコマに相当します。相対的に静止の状態です（スピンなどの相対運動はありません）。1 公転 1 自転に相当する幾何学的自転はありますが、スピン軸の動きには影響ありません。

ここでは、この月に似た 1 公転 1 自転の運動状態にある人工衛星（国際宇宙ステーション）の内部での実験になります。つまり、公転系に相対的に静止している人工衛星の内部での実験です。その室内に浮かぶコマは、宇宙空間からは人工衛星と同じ公転をしていることになりますが、スピン 0 ならスピン軸の動きはない（室内で相対的静止）でしょう。しかし、スピンを与えるとどうなるでしょうか。

指先でひねる速いスピンなら既に宇宙飛行士が実験済みで、スピン軸は宇宙空間に対し同一方向を保ち続け、方向に変化はありません（時間をかければ室内での背景に対し動いて見えるはず：フーコーの地球自転証明の実験原理[9]参照)。これは、スピンが公転回転速度に比べて速い場合です。

問題はそうではなく、時計の長針程度の遅いスピンを与えるとどうなるかです。つまり、スピンが公転回転速度に近い場合どうなるかです（地上実験ではひっくり返りが顕著に速くなってくる)。この90分１回転の公転系である国際宇宙ステーション内において、その公転回転速度の数倍程度の逆立ちスピン（$+y$ 方向）を与えたとき、スピン軸の動き、特に、ひっくり返るか（$-y$ 方向に向かうか）に注目します。この実験は未知の領域に入ります。

メリーゴーランドなどの回転系に載せられると、スピン０なら相対的に静止し、スピンがあるとスピン軸は水平方向変化に応答して鉛直方向に動きました。１公転１自転する人工衛星の中に浮いたコマのスピン軸も、スピン０なら相対的静止でしょうが、スピンがあるとどうでしょうか。宙に浮いているので摩擦はなく、メリーゴーランド上とは異なった状況下に置かれます（メリーゴーランド上と同質のトルクの作用はない)。

しかし、原因は別でも、スピン軸が方向変化を受け続ければ、それに応答した直交方向への動きが発生すると考えられます。この現象を捉えるには、コマの自転回転速度を公転回転速度の数倍程度に抑える必要があります（付録参照)。

歳差が引き起こす方向変化に応答するジャイロ効果（仮説）

スピン軸の運動とは、物体そのものの空間移動ではなく、重心周りの動き（ひねり・揺れ）を指します。それは外の空間に相対的な動きであり、地上のコマなら地面に対する、地軸や人工衛星自体なら宇宙空間（星空）に対する、人工衛星内のコマなら船内の背景に対する姿勢変化から捉えられます。しかし、その動きは、対象とする物体のスケールが大きくなるほどゆったりとして、現象として検知するのが難しくなってきます。特に、本書が問題とする人工衛星やその内部のコマのスピン軸の動きとなると、コマに時計の長針程度の回転速度（1時間で1回転）を与えるとき、時計の短針（12時間で1回転）程度ののろいひっくり返りが起こるだろうという予想です。従って、直接肉眼では捉えられないほどゆっくりした動きになります。認知できるのは1時間刻みの姿勢変化からです。これが実現可能な限界ぎりぎりの変化速度です。

スピン軸の動きは、地軸なら太陽・月の重力によってもたらされ、人工衛星やその内部のコマのスピン軸なら地球の重力によってもたらされます[19]。それは、具体的には、重力源がスピン軸に及ぼす重心周りのトルク（回転力）を計算することから得られます。このトルクを計算するとき、重力の主成分によるトルクは「点」扱いができ、スピン軸をひねる効果とはなりません。主成分は公転運動を維持する中心力に当たり、遠心力と釣り合っています（公転自体はスピン軸へ影響しない：地軸に年周変化はない）。しかし、副成分は、球からのずれに作用し重心周りにひねる（回す）効果を持ち、歳差 $\dot{\phi}$ という公転 Ω とは異なるゆったりした軌道面に平行な回転運動をもたらし、かつ、章動という軌道面に垂直に上下する小波運動をもたらします。このことに少し踏み込みます。

地球でいえば、太陽が地球に及ぼす重力の主成分（～ R^{-2}：R は太陽・地球間の距離）は、地球重心の公転現象を支配しても、自転軸の動きには影響しません。しかし、太陽重力の副成分（～R^{-3}）は、効力は一段と落ちますが地球の膨らみに影響し、自転軸に歳差・章動といった回す・揺らす動きを引き起こします（この種の効力は月の方が大きく、こ

---

19) J. B. Scarborough, *The Gyroscope*, Interscience Publishers Inc., New York, Ch. III, Ch. X, 1958.
V. V. Beletskii, *Motion of an artificial satellite about its center of mass*, Nauka, Moscow (Israel Program for Scientific Translations, Jerusalem, 1966) Ch. 1, Ch. 5, Ch. 6, 1965.

れにプラスされる)。この動きは公転系に対する相対運動であり、相対運動はコリオリ力を発生させます。地上実験では、メリーゴーランドに載せたジャイロスコープ3のコマは、水平な回転方向変化に対して、垂直運動（公転ジャイロ効果）を起こしました。この思考法の延長線上において、宇宙空間で公転する回転体（地球・コマ）の自転軸は、公転の影響はなくても、軌道面上の回転方向変化（歳差）を受け、公転軌道面に垂直な運動（公転ジャイロ効果）が発生するだろうという予想です。

この議論を人工衛星内部のコマに適用すると、ディスク状のコマは、スピンが与えられると地球重力により歳差・章動という動きが発生するはずで、それは重力の副成分による効果です。章動は軌道面に垂直方向に上下往復する小さな揺れで、それによりジャイロ効果は発生しません。しかし、歳差（$\dot{\phi}$）は一方向のゆっくりした回転運動で、スピン軸の先端は軌道面に平行な円を描きます。つまり、歳差は公転とは異なる回転運動で、公転よりはるかにゆっくりした動きです。つぶれた回転楕円体の場合（第3章)、歳差の向きは、スピンが逆行側（軌道の南向き）を指すとき公転と同じ向きに、順行側（軌道の北向き）を指すとき公転とは逆向き（地軸の現状の動き）に発生することが知られています（$\cos\theta$がかかる：付録参照)。コマという回転体に$\dot{\phi}$（$\ll \Omega$）という公転とは異なる方向変化が生じます。公転系（Ω）において方向変化（$\dot{\phi}$）が強制されることから、ジャイロ効果が発生し、直交方向への動きがあると考える根拠が出てきます[20]（本書の仮説）。その効果は、自転軸を公転軸にそろえさせる一方向の働きで、章動の上下波よりはるかにゆっくりしており、通常の時間スケールでは章動の上下波に飲み込まれて認知できません。どのような条件下でその動きが捉えられるか、その条件を探す顕微鏡的視点が必要になります。

核心部なので、以下、別様に繰り返しておきます。地球は太陽の重力により１年１公転していますが、地球のスピン軸

---

[20] 地上実験において、ジャイロスコープ３のコマが受ける角速度はΩで、スピン軸をひっくり返した力（回転力）はΩ^2に比例するものでした[1]。今、ここで考察中のコマが受ける角速度は、宇宙空間に対し$\boldsymbol{\Omega}+\dot{\phi}$になります。従って、これによるスピン軸へ作用する力（回転力）は、$(\boldsymbol{\Omega}+\dot{\phi})^2$に比例すると考えられます。この展開式

$$(\boldsymbol{\Omega}+\dot{\phi})^2=\Omega^2+2\boldsymbol{\Omega}\cdot\dot{\phi}+\dot{\phi}^2$$

のうち、第１項Ω^2は遠心力に相当しますが、重力の主成分と釣り合って重心周りにスピン軸を動かす効果はありません。また、重力の主成分のコマへの影響も重心に全質量が集中した「点」扱いができ、スピン軸を動かす（ひねる）効果はありません。しかし、重力の副成分は、地球やコマを重心周りにひねるトルクをもたらし歳差（$\dot{\phi}$）や章動を引き起こします。角速度Ωの公転系において相対運動$\dot{\phi}$が起こりコリオリ力が発生し、結果としてスピン軸へ第２項$2\boldsymbol{\Omega}\cdot\dot{\phi}$の影響が残ると考えられます。公転系Ωにおける相対運動の効果です。この効果は一方通行で、スピン軸を公転軸方向へ動かします[1]。

（地軸）には公転に相当した年周運動はありません（年周変化なし）。同様に、地球の重力により宇宙空間を公転する人工衛星（コマ）のスピン軸にも、公転周期に相当した周期運動はないといえるでしょう（公転周期変化なし）。

重力は、２つの質点間距離の逆２乗に比例する有名な万有引力で、大きさ（形）を構成する天体（コマ）の各質点に及びます。スピン軸の動きは、重心周りにひねるトルク（回転力）から計算できますが、級数展開により重力の主成分によるものと副成分によるものとに分けることができます。この公転運動において、公転させる重力（主成分）と遠心力は釣り合って軌道運動を維持しています。どちらもコマのスピン軸に重心周りにひねるなどの動きを引き起こすトルクにはなりません（空振りです）。そのため公転だけではスピン軸の動きに影響は出ません。

国際宇宙ステーション内のコマの自転軸も同じで、周期90分に相応する変化はない、つまり、メリーゴーランド上と同質（Ω相当）の動きはないということです。ただ、コマには重力の副成分によって重心周りの動きが発生するはずです。重力の副成分は、球からのずれに作用するR^{-3}のオーダーの力で重心周りの動き（ひねり・揺れ）── 歳差・章動 ── をもたらします。歳差は公転面に平行な面上をゆっくり回転し、章動は縦に小波を打ち続ける運動です。この重心周りの動きは、公転系において相対運動となり、その相対運動はコリオリ力を発生させます。この動きは公転系（**Ω**）

において、公転とは別種の恒久的な方向変化（$\dot{\phi}$）をもたらし、結果としてジャイロ効果（$2\Omega\cdot\dot{\phi}$）が発生し、反転起立現象の原因となり得るという考えが本書の仮説です。その動きは、スピン軸が公転面の南北（逆行順行）どちらを指していても公転軸に向かい（公転方向に支配される)、そろうまで動き続ける予想です。果たして、この予想は、真か偽か、実験で確かめたいのが本書のねらいです。

地球でいえば、赤道の膨らみ（球からのずれ）に太陽・月の重力（副成分）が作用して、歳差と呼ばれるゆっくりした回転運動が発生しています（１周26000年の動き：23.5°の順行側にある今は公転とは逆向き)。地球という自転体が歳差という方向変化を強制させられるため、それに抵抗する悠然とした直交運動（ジャイロ効果）が起きているのではないかという趣旨です。

地球の場合、地質学的年数を要するためその証明に決定打を欠き、仮説は無視の憂き目に遭います。スノーボールアース説の代替案としての地軸大傾斜説がそういった状況にあります。そこで、条件を吟味し、人工衛星の中で実験して真偽を検証しようと提案するものです。少なくとも、可能性の一つ一つを実験的に潰していけば、消去法により議論は収束に向かうだろうという観点は許容されると思われるのですが。

逆転項の追加と実験の条件

メリーゴーランドでやった実験を国際宇宙ステーションの中でやるとどうなるかです。メリーゴーランド自体の回転運動は人工的な機械力（モーター）によるものですが、国際宇宙ステーションの公転運動は万有引力によるものです。この違いは本質的で、コマ（や人工衛星）の自転軸の運動方程式に現れます。また、この運動方程式は既知のもので歳差・章動をもたらしますが、そこに新たに追加したジャイロ効果を表す仮説逆転項が実在するかどうかを確かめたいのです。自転軸の運動方程式については、別途付録に紹介します。

この方程式に追加された逆転項は、歳差・章動に比べはるかに効果が小さく、通常は現象として現れることなく気付かれないものです。これを陽に引き出すには、実験として満たさなければならない条件があります。それは、コマの自転回転速度を公転回転速度の数倍程度に抑えるというものです。このとき、効果が現れ出る可能性が考えられます。第１章で述べた地上実験では、自転速度が公転速度に近づくと、逆転現象は顕著になってきます。

人工衛星は地球の引力と公転による遠心力が釣り合っているため、中にいる人・物は空中に浮かんだ静止の状態になります（テレビ映像でおなじみです）。これにより、基本的には、地上実験のようにコマをジンバルで囲むといった面倒な装置は必要ないということです。ただ、スピンをかけて放てばよいのです。

といっても、時計の長針程度ののろい回転速度を与える必要があり、時計の機構（歯車装置：単３電池式のクオーツ時計玩具でも40g×２個程度のワッシャーを載せても60分１回転は得られる）を応用して低速スピンを与えた後、解き放つ装置が必要です（スピン軸に絡まず切り離す必要のない装置が開発できるとよいのですが）。指先でひねって放つのでは、速すぎて逆転現象の検証実験にはなりません。数万年もかかる計算です。

遅い回転は、時計の長針の回転軸か針から直接得られるとしても、それをどのようにしてコマに伝えるかは悩ましい問題で、私には解決できていません。ここでは、第１章に出てきた３つのジャイロスコープ３（写真１(a)、(b)、(c)）のコマへのスピンの与え方を紹介しておきます。

まず共通項はスピン軸に穴をあけヒモを巻き付け引っ張る方法ですが、指先でスピンを与えることと大差なく、どんなに練習を積んでも60分１回転ののろい回転を得ることは無理でしょう。

次に、写真１(c)の場合、電動ドリルの先にコイン状のゴムを取り付け、直接コマの縁に接触させて回転させ、抵抗感が無くなることでドリルと同じ速さの逆スピンを得ています。電動ドリルの代わりに、時計の長針の軸か針に直接接触させることで60分1回転を得ることは難しそうです。

最後に、写真1(b)の場合ですが、内リングの支点 S_1 外側が円形の窪みを持ち、そこからコマのスピン軸が細く突き出ています。そこに電池モーターを内蔵した外部体を差し込んでスピンさせる装置があり高速回転を得ています。この突出部に、時計の長針の軸か針から回転を伝えられる装置ができるとよいのですが、これも難しそうです。

というわけで、私には未だに解決できない問題として残っています。何かいい方法がないものかと思案していますが、技術者なら解決策を思いつかれるでしょうか。

コマの形はディスクかリング、または、それらの合体形を基本としますが、ディスクの外縁部（リム）を重くする形がよく、サイズは半径2～5 cm程度で間に合うでしょうか。これは、慣性モーメントを大きくして安定した自転を得るためと、力学的扁平率を大きくする —— 自転軸周りの慣性モーメント C を直径軸周りの慣性モーメント A の2倍にする —— 意味があります（$C=2A$：付録）。

回転軸に時計の長針の回転速度を与えて切り離す（歯車の噛み合わせなどの）装置は、自作か注文で作ることになります。既存の部品をうまく組み合わせて作れるとよいのですが……。器具を製作し、宇宙旅行者に実験を依頼するという手も考えられます。また、スピン軸から電波を発信させ、その方向変化を地球で捉える通信手段も考えられるでしょうか。時計の長針程度の回転を与えて切り離すことができるなら、コインでも可能で面白そうです。１カ所に目印を付け、時計の長針並みの回転を確認しつつ、ひっくり返るかに注目できます。

いや、ちょっと待ってください。宇宙船内ではほんのわずかなはずみで予期せぬ浮遊が起こるかもしれません。追いかけっこは大変ですから、安全策を講じた方がよいでしょうか。直交する３軸回転可動性を持たせ、ボックス内に納め壁にくっつけた方が安心でしょうか。つまり、自由度３のジャイロスコープにしておくことです。そうすれば、宇宙船内は無重力空間ですから、地上実験におけるような重量を支える軸の回転に抵抗する摩擦モーメント（図１S_5）は発生しないでしょう。また、移動の心配もありませんし。

繰り返しになりますが、この実験でもっとも大事なことは、コマの自転の回転速度ω（１分当たりの回転数：rpm; **r**otations **p**er **m**inute）を、人工衛星の公転の回転速度Ω（１分当たり約1/90＝0.01111回転：90分で１公転するから１分当たりの回転数は1/90回転となる）の数倍程度の速さにすることです。この条件が、宇宙逆立ちコマを実現するための必須条件となります。60分で１自転は公転の1.5倍の速さになり、45分１自転は２倍に、30分１自転は３倍に、９分１自転は10倍の速さになります。つまり、ω/Ωの値が1.5、２、

３、10に相当します。この速さだとそれぞれ11時間、21時間、50時間、26日程度でひっくり返るだろうとの予想（図３(a)、図３(b)、図３(c)、図３(d)）で、宇宙旅行中に実現可能な速さを選ぶことになります。

この計算予想の根拠となる数式は付録にあります。対象が太陽の周りを公転する地球・水星・金星でも同じ数式を使いますので、この実験が成功すれば、そのまま惑星にも適用できるという論法です。スケールは異なっても理屈は同じです。ただ、惑星では時間スケールが膨大になります。

４つの数値モデル
— １回転60分・45分・30分・９分のコマの逆転予想 —

付録の数式を使ってシミュレーションしました。仮説逆転項を入れた計算なので当然逆転しますが、これはあくまで仮説に基づく予想に過ぎません。実験結果が出て初めて正当性が主張できる性質のものです。真偽のほどは、実験が決めます。４つの計算結果を図に示します。

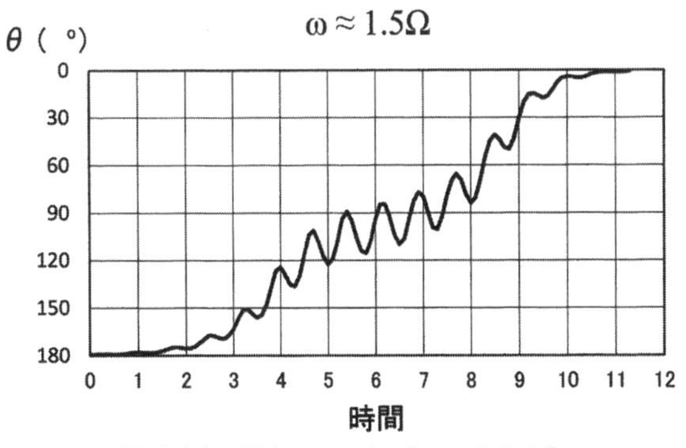

図３(a)　逆転モデル（$\omega \approx 1.5\,\Omega$）

自転回転速度が60分１回転で、公転回転速度の1.5倍のとき、逆転時間は約11時間となる。章動を表す上下する波が顕著に現れている。

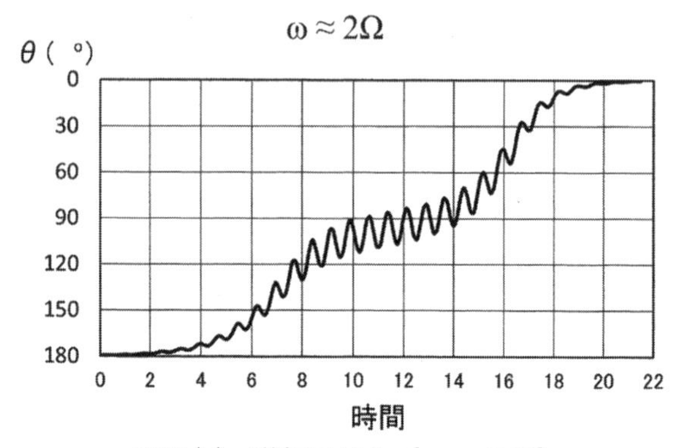

図３(b)　逆転モデル（$\omega \approx 2\Omega$）

自転回転速度が45分１回転で、公転回転速度の２倍のとき、逆転時間は約21時間となる。章動を表す上下する波は小刻みになる。

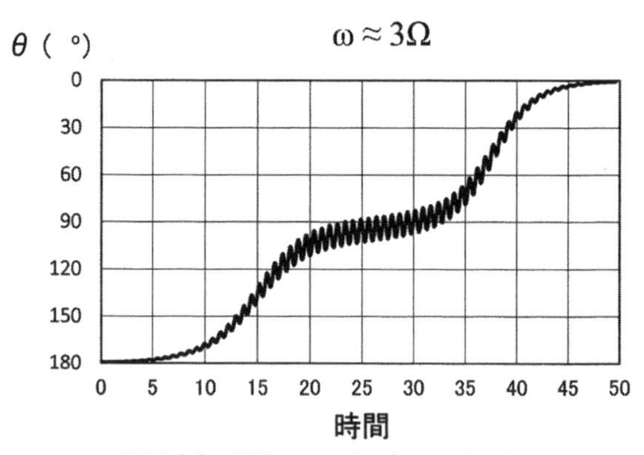

図３(c)　逆転モデル（$\omega \approx 3\Omega$）

自転回転速度が30分１回転で、公転回転速度の３倍のとき、逆転時間は約50時間となる。章動を表す上下する波はさらに小刻みになる。

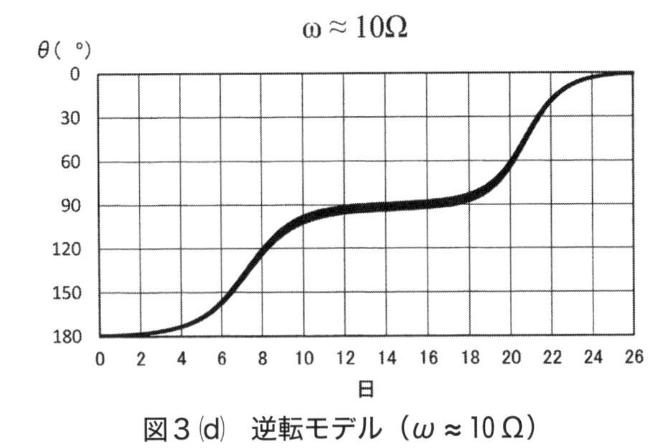

図３(d)　逆転モデル（$\omega \approx 10\,\Omega$）

自転回転速度が９分１回転で、公転回転速度の10倍のとき、逆転時間は約26日となる。章動を表す上下する波は線の幅に埋もれている。

成功したら短い論文にして発表しよう

もしもひっくり返り現象が起こり実験に成功したなら、短い論文にして発表してください。この時、大いに参考になるのが実質２頁にも満たない1965年の論文で、著者はペンジャス＆ウィルソンです[21]。ホーンアンテナの改良中に消すに消せない雑音が残ることを発見し、全天に起因する等方的現象として発表されました。これにより、二人は1978年に宇宙背景放射の発見者としてノーベル物理学賞を受賞しました。実験結果を論文にまとめるのに大変参考になると思います。

厳しい追試を受け再現性が確認されて、初めて新知識として認知されることになるでしょう。本書のような実験予想では論文として受諾が難しくても、実験した結果なら論文になり得るでしょう。もっとも、発表方法は他にもいろいろあるでしょうが。

---

[21] A. A. Penzias & R. W. Wilson, A Measurement of Excess Antenna Temperature at 4080 Mc/s, *Astrophysical Journal* **142**, pp. 419–421, 1965.

第3章

逆転の惑星たち

— 宇宙逆立ちコマが実現したら成り立つ話 —（予想物語）

さて、第２章の内容が立証されたとしたら、惑星の自転軸に関して何が言えるでしょうか。未検証の現時点においては空想物語に過ぎませんが、かえって実験意欲をかき立てられるかもしれません。気の早い話ですが、ストーリーを先に展開しておきます。第２章の仮説逆転項を追加した議論を惑星スケールのコマへ適用するとどうなるかです。タイムスケールは変わりますが、現象は同じです。

惑星の逆立ち誕生論については、古くからの歴史的経緯がありますが、今では科学史的にも言及されることが少なく忘れ去られたかのようです。それを蒸し返しても有意義な結果にたどり着けそうにありません。また、現代版地質学的根拠に基づいた地軸大傾斜を唱える議論は仮説として存在しますが、それを吟味究明する中からも地軸逆転論の立証は望めそうにありません。それより、前章の議論を、ω/Ω が小さい惑星に適用するとき、単純な議論から、逆立ち状態から46億年後に今の傾斜角になり得るという、自転軸ストーリーの展開を示しておく方が、実験面からの究明に望みをつなぐ力になりそうです。

表１の惑星データにおいて、自転回転数 / 公転回転数を表す ω/Ω の値は、(2π/自転周期)/(2π/公転周期)＝公転周期 / 自転周期から得られたものですが、表から読み取れるように太陽からの距離と共に増加傾向にあります（金星例外）。そこで、この ω/Ω の値が小さい惑星スケールコマに適用してみます。

表１　惑星のデータ（『理科年表 平成30年』に基づく）

惑　星 （衛星個数）	自転軸傾斜角 （赤道傾斜角） °	自転/公転 回転速度比 ω/Ω	扁平率 $(C-A)/C$ $\sim(a-b)/a$
水星　（０個）	0.04	1.500	0
金星　（０個）	177.36	0.9246	0
地球　（１個）	23.44	366.25	0.0034
火星　（２個）	25.19	669.6	0.0059
木星　（16個）	3.12	10480	0.0649
土星　（18個）	26.73	24230	0.0980
天王星（５個）	97.77	42720	0.0229
海王星（２個）	27.85	89660	0.0171

自転回転速度/公転回転速度＝公転周期/自転周期
100年＝36525日とする計算法

惑星スケールコマのひっくり返り

第２章の議論を水星・金星・地球スケールのコマに適用した結果を紹介します。つまり、逆立ち状態を出発点として、現在の水星0°、金星177°、地球23.5°に至るプロセスをグラフで示します。逆立ち誕生論の歴史的経緯は後回しで簡単に紹介することにします。

ここでは、力学的扁平率（$C-A$）/C の値は、幾何学的扁平率（$a-b$）/a（≪１）の値で代用しています。１次近似で成り立つ話です[22]。惑星を回転楕円体とみなすとき、C は自転軸（極軸）周りの慣性モーメント、A は赤道軸（任意の赤道直径）周りの慣性モーメント、a は赤道半径、b は極半径を表すものです。

表を眺めて、試算意欲を掻き立てられるのはせいぜい内惑星でしょうか。ただ、水星・金星の扁平率を数値０としたのでは、完全球で取っ掛かりがなく歳差・章動・起立現象は起こりません。許容範囲内での微少量を仮定し、ω/Ω の値はそのまま利用した惑星スケールコマとしてシミュレーションし

[22] S. チャンドラセカール『チャンドラセカールの「プリンキピア」講義』講談社　446頁　1998年

てみました。傾斜角のスタートを $\theta = 179.5°$ に取ってありますが、これに格別な意味はなく計算の便宜上のものです。この値を変えても大差のない似た結果が得られ、大まかな変化の道筋がつかめます。計算式は付録にあり、その適用結果をグラフにしたのが、水星スケールコマが図４(a)、金星スケールコマが図４(b)、地球スケールコマが図４(c)となります。

水星スケールコマ（$(C-A)/C = 0.00005$）は、$\theta = 179.5°$ をスタートして、約37億年後にはひっくり返って $\theta = 0.1°$ になります。金星スケールコマ（$(C-A)/C = 0.0000032$）は、$\theta = 179.5°$ をスタートして、46億年経っても $\theta = 177.3°$ とほとんど変化のないシナリオとなります。ここで、水星の自転角速度は金星のそれより４倍速く、力学的扁平率は角速度の２乗に比例する関係[23]をほぼ満たすように配慮（数値合わせ）してあります（$0.0000032 \times 4^2 = 0.0000512$）。地球スケールコマについては、他書[1]で述べたものと同じです。計算は、時間平均を取るという第２章より簡略化した方法を採用しています（付録）。火星以上は、ここでの単純な議論はそのまま適用できそうにありません。

金星は、自転の速さが太陽系惑星の中で最も遅く１自転

23) J. Laskar & P. Robutel, The chaotic obliquity of the planets, *Nature* **361**, pp. 608–612, 1993.

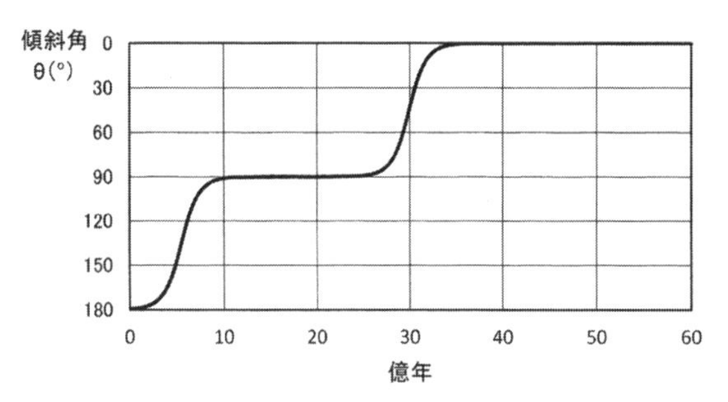

図４(a)　水星スケールコマのスピン軸傾斜角の変化

水星スケールコマ（$(C-A)/C=0.00005$、$\omega=1.50\,\Omega$）は、$\theta=179.5°$ をスタートし、37億年後には $\theta=0.1°$ に達し、その後も限りなく $\theta=0°$ に近づいていく。わずかな扁平率によるわずかな動きでも、累積することで、年数をかければ変化が現れる。

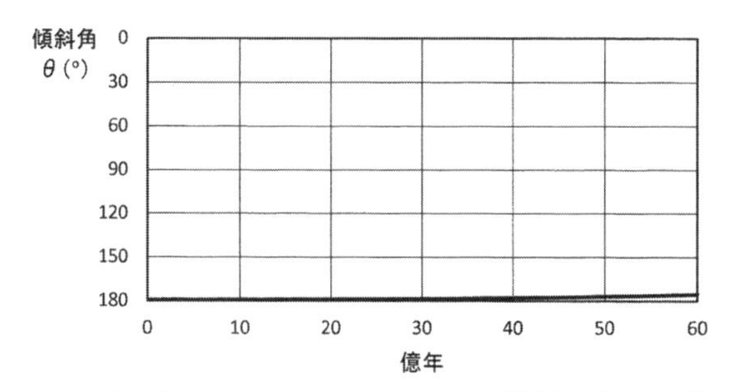

図４(b)　金星スケールコマのスピン軸傾斜角の変化

金星スケールコマ（$(C-A)/C=0.0000032$、$\omega=0.9246\,\Omega$）は、$\theta=179.5°$ をスタートし、46億年経っても $\theta=177.3°$ とほとんど変化しない。球状でスピン軸を動かす取っ掛かりがない。

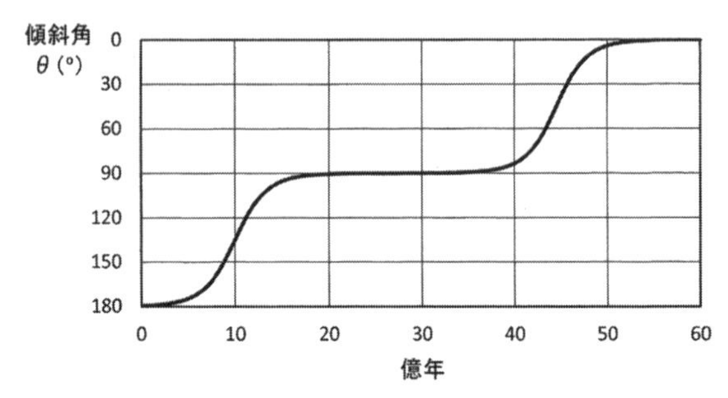

図４(c)　地球スケールコマのスピン軸傾斜角の変化

地球スケールコマ（$(C-A)/C=0.0034$、$\omega=365.25\,\Omega$）は、$\theta=179.5°$ をスタートしてから、約17億年後から約20億年間 $\theta=90°$ 付近に滞留する。46億年後には $\theta=23.5°$ 付近を通過し、そこから10億年後には $\theta=0.1°$ に達する。

に240日もかかり、また、赤道の膨らみがなく真ん丸なため（扁平率約０）、太陽による自転軸を動かすトルクの効き目がほとんどなく、今も昔の生まれたままの逆立ち状態が続いているというシナリオです。

一方、水星の方も１自転するのに約60日と太陽系で２番目に遅く、真ん丸に近いのですが（扁平率約０）、金星の４倍近い速さで自転しているため、赤道の膨らみが金星の16倍（自転の速さ４倍の２乗）程度との数値が許容されると思われ、太陽からの自転軸へのトルクの効き目が金星よりもわずかに大きいのです。効き目は累積しますので、ほんのわずかな扁平率でも、46億年もあれば十分に逆立ち生まれから正立まで起き上がれるということです。逆立ちから37億年後には0.1°の正立となり、今も0°に向かっているというシナリオです。これも、宇宙ステーション内で低速コマが逆立ちから正立になるという肯定的実験結果があって初めて言えることです。否定的結果が出れば、すべては幻となります。

20世紀、人類の好奇心はついに大地を動かしました。大陸移動説は、空想どころか現実となり、さらにプレートテクトニクス理論へと進化しました――山脈は上下運動によってできる（地向斜説）のではなく、水平運動によってできる（プレートの衝突）――。今では誰もが口にする常識となりましたが、生みの苦難の歴史は生々しく残っています。

この種の真理は、野外調査に基づく状況証拠や実験事実の積み重ねから帰納的に導かれるものであって、決して物理学や数学の基本原理から演繹的に導かれるものではありません。この分野において、「ザックとハンマー派」（実践派）の果たした役割は、「紙と鉛筆派」（論理派）のそれよりはるかに本質的かつ重大でした。果たして21世紀、人類の好奇心は地軸を逆転させることになるのでしょうか。

惑星の誕生から現在までの46億年間の自転軸の傾斜角の動きに注目します。惑星自転軸の現在・過去・未来をジャイロ効果という新たな観点からながめてみます。残念ながら10億年後の傾き0°を観測することはできないでしょう。しかし、実験事実に基づけば10億年後の姿を推測することは可能でしょう。それこそが、物理学に寄せる揺るぎない信頼というものです。

現代の地質学的議論（地軸大傾斜説）とのささやかな交流

地質学の分野から、地軸大傾斜説を唱えるG. E.ウィリアムズ氏（他書[1]で紹介）に３篇の論文[24]を送ったところ、HOLIST仮説（2008年）の論文[25]を送り返して頂くと共に、人工衛星による実験に大変な興味を持たれ、進展があれば情報を送り続けてほしいとの返事を頂いております。しかし、未だに一片の情報もお送りできない現状を無念に思っているところです。

当初は、人工衛星そのものにゆっくりしたスピンをかける必要があると思い込み、その実現は途方もなく難しいことだと悩んでいました。後に、著者の説を知る方から貴重なヒン

---

[24] K. Hara, Another Reversing Gyroscope, *Journal of Technical Physics* **49**, pp. 27–37, 2008.
K. Hara, On the Possible Reversal of a Satellite Spin Axis, *Journal of Technical Physics* **50**, pp. 75–85, 2009.
K. Hara, On the Possible Reversal of an Earth-Scale Top, *Journal of Technical Physics* **50**, pp. 375–385, 2009.（雑誌は現在休刊）

[25] G. E. Williams, Proterozoic (pre-Ediacaran) glaciation and the high obliquity, low-latitude ice, strong seasonality (HOLIST) hypothesis: Principles and tests, *Earth-Science Reviews* **87**, pp. 61–93, 2008.

ト ── 時計の機構 ── を得て[1]、人工衛星の内部にあるコマに時計の歯車仕掛けで長針程度のスピンを与えれば、実験の実現が可能であることに思い至りました。また、今や一般人の宇宙旅行まで募集される時代になってきています。その状況に元気づけられ、本書の出版に踏み切った次第です。ただ、ここに至るまでには、実験結果に基づかない予想を論文にすることの難しさをさんざん思い知らされました。単なる思い付きは論文にならないというわけです。もどかしくも、今のところ未来の宇宙旅行者の遊び心に期待するほかありません。

マイナーな天文学史　― 地軸逆転論 ―
寺石良弘、ピッカリング＆ストラットン、モンゴメリー＆レッドマン、ボール＆ローウェル

　科学史の分野においても触れられることの少ない先人の業績について、一介の後追い人に過ぎませんが、忘失忍び難く一照射しておきます。惑星の逆立ち誕生とかそこから順行への逆転とか聞くと、そんなばかなと思われるのが落ちですが、実は100年以上も昔に仮説として登場していたのです。

　19世紀に、天王星のふらつきから海王星の存在を予言・発見したことから、ニュートン力学は絶大な信頼を得ることになりました。この延長線上には、水星の近日点移動 ―― バラの花模様の一筆書き ―― を説明するため予言された惑星ヴァルカン（水星より内側の軌道にある）が、一時は発見されたとされ勲章まで出されていたということですが、後に再現性がなくこの惑星は幻に終わり、一般相対論の登場で決着が付けられた経緯もありました。

　それはともかく、ニュートン力学を武器に宇宙を解明しようと宇宙進化論の研究も盛んになります。といっても、当時の宇宙認識は現在より狭かったので、現代版で考えれば太陽系形成論に相当する分野になります。１つの原始星雲の誕生から始めて、現状の惑星系への進化過程を解明しようとする

流れです。

19世紀の惑星形成論において、惑星の逆立ち誕生はごくありふれた考え方でした[26]。微惑星（微粒子）が集積して惑星が生まれるという基本的なシナリオは、昔から今日まで続く考え方です。現代版はより精巧になり、いくつかのステップを踏みますが[27]。微惑星が今の惑星と同じようにケプラー運動していたとする限りは、太陽に近いほど速く回り、遠いほど遅く回るということになり、この運動状況からは、集積するとき自転軸は公転とは逆向きに誕生すると考えられます(逆行誕生)。

しかし、現実にはほとんどの惑星の自転軸は公転と同じ方向（順行）に向いています。逆行で生まれるはずなのに、なぜ順行しているのかという問題が残ります。20世紀も、順行誕生論の追究は続きます[28]。

---

[26] J. J. Lissauer & D. M. Kary, The origin of the systematic component of planetary rotation, *Icarus* **94**, pp. 126–159, 1991.

[27] 松井孝典ほか『比較惑星学：岩波講座地球惑星科学12』岩波書店 第3章　1997年

[28] S. Ida & K. Nakazawa, Did Rotation of the Protoplanets Originate from the Successive Collisions of Planetesimals?, *Icarus* **86**, pp. 561–573, 1990.
惑星誕生の現代版によると、誕生時の自転軸の傾きは色々な可能性があるということです。原始惑星の重力圏内（ヒル球）の微惑星の

その間、19世紀に、フーシェが「角運動量の困難」という難問を持ち出してきました。星雲説の立場に立てば、太陽は今の100倍以上の速さで自転しなければ、つじつまが合わないというのです。その困難を乗り越えるべく19世紀末に新説が登場しました。星雲１個から太陽系はできたのではなく、よそから星が通り過ぎて行って星雲が引きちぎられるようにして惑星ができたというのです。これなら惑星の角運動量の説明が付けられるというわけです。星２つから太陽系ができるとしたことから二元論といいます。今でも時々現れますが、他の天体の到来で大量絶滅などの諸現象を説明しようとする考え方です（6500万年前の恐竜絶滅を起こした衝突小天体・2600万年周期でやってくる伴星ネメシスによる周期的絶滅）。ちなみに、星雲説は１個から太陽系ができるので一元論と言われています。

このようなことが天文学史を勉強するとわかってきます。２つの説の対立が20世紀初めに盛んに議論された様子がうかがえます。

この２大対立が大きく取り上げられる科学史の中で、私に

運動状態如何にかかっているようです。おとなしいケプラー運動（円・楕円）なら逆行生まれで、激しい双曲線運動なら順行生まれと、誕生時の自転軸の傾きは順行も逆行も可能です。しかし、現状が順行に偏りすぎていることは謎とされています。

はどうしても腑に落ちないというか、不思議に思えてならないことがあります。それは、一旦、逆立ちで生まれた後に正立に向かって逆転していったという考え方は生まれなかったのだろうかということです。惑星は逆行誕生後に順行へとひっくり返っていったという考え方は、素直に浮かび上がってもよさそうに思えるのですが難しかったのでしょうか。力学的にあり得ない、そんなトルクはないという考え方が堅固だったのでしょうか。結局、私は寺石良弘[29]が地軸逆転論を発展させていった最初の人だとばかり思い込んでいました。しかし、私は間違っていました。

いや驚くことに、1世紀以上も昔に、惑星は逆立ち誕生でスタートし、そこからひっくり返って現在の順行になったとする考え方が出されていたことがわかってきました。しかも、ジャイロスコープ3を回転させると、スピン軸は回転方向にそろうという定性的現象からの推論もありました[11]。2

---

[29] 寺石良弘「太陽系発展論、地質学及び生物学に関する綜合」熊本県立図書館所蔵　1954年
伊藤洋「寺石良弘とその思想－上－惑星の逆立ち、氷河時代、そして生物の進化」『科学朝日1月号』1989年。「同下」『科学朝日2月号』1989年
そこに書かれた壮大な仮説を何とか説明できないものかと理論作りに取り組んできましたが、その最後の仕上げは実験による証明です。原生代の地層に残された赤道凍結の痕跡を地軸逆転論で説明するには、やはり実験検証が必要不可欠になります。

大対立の狭間に逆転説は生まれていたのです。W. H. ピッカリング（W. H. Pickering：土星の逆向き公転衛星フェーベの発見者。天文学者 E. C. Pickering は兄）とストラットン（F. J. M. Stratton）の惑星逆転説[30]です。アイデアは出ていたのです。ピッカリングが、1905年にジャイロスコープ３の定性的な逆転現象を述べ、惑星自転軸の逆行誕生から反転して現在の順行になったとするアイデアを出していました。さらには、ストラットンが、自転軸が逆行から順行へ向かう議論をした論文もありました。潮汐作用に原因を求めていました（検証は難しそうです）。

1905年当時、「W. H. ピッカリング教授が、惑星はひっくり返ったかひっくり返りつつあることを発見した」という新聞記事になっていたようです。これに慌てた L. A. レッドマンが、「いや、J. J. モンゴメリー教授の方が先だ」と優先権争いの発表まで出しました[31]。レッドマンによれば、ずっと

---

30) W. H. Pickering, Polar Inversion of the Planets and Satellites, *Astronomy and Astrophysics* **12**, pp. 692–693, 1893.
F. J. M. Stratton, On Planetary Inversion, *Mon. Not. Roy. Astron. Soc.* **66**, pp. 374–402, 1906.

31) L. A. Redman, *Professor Montgomery's Discoveries in Celestial Mechanics*, Pernau-Walsh Printing Co., 1919 (reprinted by FB & c Ltd., London, 2015). これによると、L. A. レッドマンは、*The San Francisco Bulletin* (from Cambridge, Massachusetts), March 15, 1905紙上で、ピッカリング教授の惑星逆転論の記事を知って、12日後の1905年３月27日の日付で

以前、モンゴメリーに、太陽系儀に似た装置で、逆立ち公転する球は不安定でひっくり返って順行に向かう実験を見せられた上、惑星自転軸逆転論を聞かされていたということです（惑星に見立てた球は二層で、速い内核と遅い外殻と回転の速さが違った作りだったようです)。公表を強く勧めたそうですが、基本的な問題の解決に取り組んで公表が遅れるうち、1911年、別の飛行機実験中に事故死されたということです。その後を引き継いだレッドマンの著作からは、ボール（R. S. Ball）やローウェル（P. Lowell）の自転軸逆転論も知ることができます。

これらのことは、科学史の中[32]からやっと見つけ出したものですが、立証の望みは薄く、今では存在しなかったも同然に忘れ去られたようです（歴史的風化)。実験的検証に重点を置く本書としては、紹介のみに止めておきます。100年の重みに固められた岩盤を穿(うが)つには、実験という鑿(のみ)の力を要します。

当時、惑星の自転軸の傾斜角は、誕生時に決まり、その後

同紙編集者宛に、モンゴメリー教授の方が20年も前という優先性を訴える手紙を送った様子がうかがえます。

[32] S. G. Brush, *A History of Modern Planetary Physics Vol. 3: Fruitful Encounters*, Cambridge University Press, Sec. 1.2, 1996.

も続くと考えられていたようです。それは、自転軸の傾きを大きく変える力学的根拠はないとされていたからです。つまり、現状の傾斜角は生まれたときに決定されるから、順行を生み出す理論が必要とされ、その研究に主眼が置かれていました。逆行から順行へ移行するには偶力のモーメント（トルク）が必要ですが、万民納得のシナリオが無かったようです。潮汐力とか、地球内部の核・マントル間の摩擦力[33]とか、提案はあったもののいずれも満足のいく説明とはならず、いつしか消滅してしまったようです。

[33] S. Aoki, Friction between Mantle and Core of the Earth as a Cause of the Secular Change in Obliquity, *Astronomical Journal* **74**, pp. 284–291, 1969. この論文は、地軸大傾斜説[25]の拠りどころとされていた。

惑星自転軸の傾斜角の観測

海王星の自転軸の傾斜角については、151°（旧）から29°（新）へと逆向き判定する行き来の経緯があったようです（29° = 180°−151°）。いきさつの詳細は不明ですが、この逆判定に翻弄された人達がいました。天王星の98°と合わせ、太陽系の外から内に向かって順に逆行から順行へ向かう痕跡が今残されていると判断した人達です。寺石良弘の未公表論文に、この間の事情が読み取れます。20世紀中ごろまで、旧判定が採用されていた形跡があります[34]。

---

[34] 寺石良弘の1954年の論文に以下の記述があります[29]。
H. N. Russell, R. S. Dugan & J. Q. Stewart, *The solar system*, Ginn & Co., Boston, 1926. この1版には「大惑星（海王星151°、天王星98°、土星26°、木星3°）の赤道面の傾斜の大きさがこのように整然として順序をしているということは全ての惑星の自転方向は元来逆であったのであるが、太陽に近いものから速く、彼等の赤道面がなにかの方法でひっくりかえったことを暗示している（この文はその2版では除かれている。それは多分、一時海王星の傾斜は順で29°であるという説が行はれたためだろう。海王星の自転方向は再び今日では逆であるということに落ちついたのである）。」。
別の草稿（1954年）には、次の記述もあります。「海王星の自転軸の傾斜が151°であるか29°であるか不明である。従来は151°であろうと考えられていたが、20年位前、29°であるという説が出て本に惑星は自ら光を発しないので、太陽の反射光を頼りに情報を得るほかありません。自転情報は、この反射光のスペクトル線からわかるということです。面積ある惑星面の自転が、地球に近づく側は青方偏移し、遠ざかる側は赤方偏移するという結果、連続面から来る混ざった光のスペクトル線が斜めに観測され、そこから自転情報が得られるということです。国立天文台の広報に、土星と環の隙間を持つ斜めスペクトル線の見事な写真が載っています[35]。

よってはその値を書いてあるものもある。しかし今日では再びその何れであるかわからないとなっている。それは望遠鏡に現れる像が小さいため、肉眼によっても分光観測によってもわからないためである。」
海王星の自転軸傾斜角の逆行性については、文献[31]13頁にも、また、そこに引用された文献 P. Lowell, *The Evolution of Worlds*, The Macmillan Company, New York, p. 131, 1909. にも 145° の記述がある。

[35] 青木和光「分光宇宙アルバム 24　土星と環のスペクトル」国立天文台『国立天文台ニュース』2012年３月号

弁　明

1890年のペリーや1909年のクラブトリーの書物には、ジャイロスコープ3を手に持って体をクルクル回しても、スピン軸は外の空間に対して一定の方向を保ち続けると書かれています（摩擦やトルクがあれば垂直への動きがありうるとの補足的注釈は、その後の文献にも散見はされますが、逆転現象を真正面から捉えるものではありません)。現実には、確かに水平方向には変化はありませんが、垂直方向には回転軸と同じ向きにそろいます。

ここ100年来、このような現象の再検討の必要性もなく年月が過ぎ去ったのだとばかり思っていました。この間、逆立ちコマの真相解明、回転ゆで卵の立ち上がりの数学的解明が発表されました。これらは、重心が高くなる現象です。しかし、ジャイロスコープの場合は、器具の構造上重心の高さは変化しません。全く新しい発見だとばかり思っていましたが、この点に関しては、私の調査不足による間違いでした(第1章)。

21世紀になって、私はジャイロスコープ3を回転台に載せたときの時間と傾きの実験データと、それを説明する数学関係式を書いた論文原稿をある雑誌に投稿しましたが、回転台がスピン軸をひっくり返す理由を述べよということで断られました。私には当時説明が付きませんでした。やむなく、スピン軸がひっくり返って回転方向にそろうという現象のみを書いて投稿し直しましたが、今度は器具の不具合のせいだと断られました。数年かかってやっと説明できる理由がわかり、ポーランド科学アカデミーの物理雑誌に載せてもらったという次第です[24)]。

ジャイロスコープ３を回転台に載せるとき、スピン軸が外の空間に対し水平方向を維持することが、その重みを支える支点において相対的に逆回りすることになり、結果的に回転方向に摩擦が発生します。この水平摩擦偶力が垂直方向のトルクを形成し、ジンバルを通して中のコマに伝わり、スピン軸を回転台方向にそろえるというわけで、第１章で述べた通りです。

付　録

自転軸の運動方程式

―追加された仮説逆転項―

地球の重力により、月・人工衛星（国際宇宙ステーション）は地球の周りを周回運動します。人工衛星の中に置かれたコマも同じです。コマが人工衛星の中に静止しているということは、コマは宇宙空間に対し、人工衛星と同じ周回運動をしているということです。ここでは簡単にするため軌道は円とします（360°方向変化することに意味がある）。400 km上空では1周するのに90分かかります。国際宇宙ステーションの軌道は51.6°ほど傾いているようですが、この傾きは実験には関係せず、この軌道面を基準に取ります。この軌道面は、人工衛星内でいえば進行方向（軌道の接線方向）と足下（地球中心方向）が作る平面上にあります。この軌道に右ネジを合わせるときの釘の進む方向が公転軸になりますが、それは人工衛星内でいえば、進行方向に向いて立つときの左手に当たります。

ここで計算に使用した xyz 座標系は、JAXA の広報による LVLH 姿勢による xyz 座標系とは異なりますが、右手直交系であることには変わりありません（互いに変換できます）。ここでは、自転軸の方向性に焦点を当てます。軌道運動する自転軸の方向は、図5において（ϕ, θ）で記述できます。これは地球でいえば、経度、緯度に相当するもので、地球中心に移動していると考えると（ϕ, θ）の方向に自転軸は向いていることを意味します。不動の慣性系空間を想定し、赤道に相当する軌道面上に適当な始点を取り、そこからの角度（経度）を ϕ で表します。軌道は1周360°（2π）ありますが、基

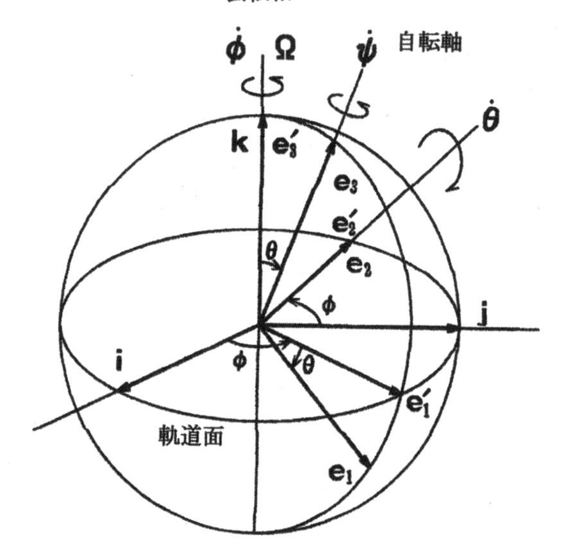

図5　座標軸とスピン軸

コマの重心に座標の原点を移動して記述する。最も基本となる慣性系（**i, j, k**）は、**ij** 面を軌道面に取る。**i** 軸から **j** 軸に右ネジ様に回すときの進行方向 **k** 軸が公転軸に当たる。自転軸は $\mathbf{e}_3$ 軸で表し、その方向は（ϕ, θ）で与えられる。傾斜角を測る立場からは、角度 ϕ の基準はどこにとっても構わない（角速度 $\dot{\phi}$ が大事）。自転軸の傾斜角度は θ で表し、公転軸を0°、軌道面を90°、逆立ちを180° とする測り方としている。すると、本書のテーマは、「重力により公転運動する回転体のスピン軸は、充分時間があれば、180° の逆行スタートから、横倒し90° を経由し、順行0° にそろうか」という表現になる。

準0° はどの方向をとってもよいということです。軌道面上のどの方向を指すかよりも、動く速さ（方向変化）が大事で、これを角速度$\dot{\phi}$（$= d\phi/dt$）で表します。

θはこの軌道面に対する傾きの角度を表し、公転軸方向を$\theta = 0°$に取ります。緯度に対応するものですが、計算の便宜上測る基準を変えています。つまり、軌道を右ネジに合わせるとき進む北極方向を基準の0°（LVLH 系の$-y$軸）として、赤道は90°、南極方向は180°（LVLH 系の$+y$軸）と増える測り方としています。従って、本書の議論は、コマの自転軸を軌道面に対し垂直逆向きの$\theta = 180°$でスタートさせたとき、角速度$\dot{\theta}$（$= d\theta/dt$）の速さで、$\theta = 90°$の横倒しを経由して、さらには$\theta = 0°$の順行へ向かうかどうかを実験することになります。詳細は他書[1), 24)]にありますから、ここでは結果のみを紹介します。

質量m、力学的扁平率（$(C-A)/C$）、自転角速度ωのコマが、質量M（$M \gg m$）の重力のもとで、半径Rの円軌道上を角速度Ωで運動するとき、コマの自転軸の運動$\dot{\phi}$、$\dot{\theta}$を決定する運動方程式は、最終的に、

$$\dot{\phi} = -\alpha \cos\theta(1+\cos 2\varphi) \tag{1}$$

$$\dot{\theta} = \alpha \sin\theta \sin 2\varphi - 2\beta|\dot{\phi}|\sin\theta \tag{2}$$

で表されますが、この中のφ、α、βは、

$$\varphi = \Omega t - \phi \tag{3}$$

$$\alpha = \frac{3}{2}\cdot\frac{C-A}{C}\cdot\frac{1}{\omega}\cdot\frac{GM}{R^3} = \frac{3\beta\Omega}{2} \quad \left(\frac{GM}{R^3} = \Omega^2\right) \tag{4}$$

$$\beta = \frac{C-A}{C}\cdot\frac{\Omega}{\omega} \tag{5}$$

ということです。式(1)は歳差を、式(2)の第１項は章動、第２項は仮説逆転項を表しています。歳差・章動項は既知項です。逆転項は歳差（$\dot{\phi}$）に対するジャイロ効果を表しますが、現時点においてはあくまでも仮説の追加項です。この項が実在するかどうかを知りたいのです。その効果の度合いは、式(2)の右辺第２項の第１項に対する比を見ればわかります。逆転項を章動項で割ると、$2\beta|\dot{\phi}|/\alpha \sim 2\beta$ のオーダーになります。人工衛星内のディスク状コマ（$(C-A)/C=1/2$）では Ω/ω 程度になります。つまり、自転回転速度 ω が公転回転速度 Ω より大きい条件下では、章動という上下する波の動き方が逆転の動きよりも大きいということです。この傾向は、地球では一層極端になります。しかし、逆転項は一方通行なので時間さえ経てば、いずれ上下の波を乗り越えて姿を現します。式(2)からこの事情が読み取れ、グラフにすれば第２章の図３(a)、図３(b)、図３(c)、図３(d)が得られます。宇宙旅行中に検証可能な ω/Ω を選ぶことになるでしょう。

第３章のグラフ図４(a)、図４(b)、図４(c)は、100万年刻みの数値計算に基づいていますが、式(1)、(2)において時間平均を取った $\langle \sin 2\varphi \rangle = 0$、$\langle \cos 2\varphi \rangle = 0$ を採用しています。また、90°の壁は、100万年もあれば章動の波により十分に乗り越えられるとみなす扱いです[1)]。

おわりに

人は、生の初期条件を選ぶことはできません。私が幼いころ、この国はどん底状態にありました。貧しくひもじい時代でしたが自由でした。その代わり、自分の生き方は自分で見つけなければなりませんでした。その行き着く先が本書に結集した次第です。自信と不安が入り交じる中、結局は実験により決着をつけるほかないとの結論に達したものの、いつしか自分では始末の付けられない年齢となりました。

地球でいえば、3000年程度の短い観測期間ではとても現れることのないゆったりとした動きが相手です。その動きは、上下する章動の波に飲み込まれてしまいます。それを乗り越えるには数十万年といった年数を要します。従って、必然的に専門家にはなかなか相手にされない問題となります。つまり、共通の研究課題とはなりにくいということです。ここ1世紀ばかり、人類はただひたすら速さを追求し、光速に近い動きに関心を高めてきましたが、本書は逆に極めてのろい動きに注目し、それをどう捉えるかを問題とします。この問題の解決策として、常套的な観測的手段では時間的制約からとても望みは無く、実験的手段に頼るほかない内容となります。

最終的には、有志の後進に解決を委ねるほかなく、未練がましくもここに痕跡を残しておく次第です。結果がどう出ようともそれが真実です。偽と出れば、大変申し訳ない限りでひたすら謝るほかありませんが、真と出れば、そこからは新天地が開けてきます。やってみない限り、答えは出ません。

宇宙旅行が身近になってくるほど期待は膨らんできます。メリーゴーランドで体験されれば、あるいは、心動かされるのではないかと、また、中にはきっと宇宙実験を試みる人も現れるに違いないと密かに期待する次第です。究極、宇宙旅行者の遊び心にこそ決着のチャンスがありそうです。その好奇心に付け火できたら、書き手本望というものです。

現か幻か、行方定めぬ一人旅でここまでたどり着きました。この世にひと時の生を受けたものとして、結果を知りたいとなごりは尽きませんが、限りある身です。後は、若人に託すほかありません。

2018年5月

原　憲之介

原　憲之介（はら　けんのすけ）

1943年　北京市生まれ
1966年　東北大学理学部天文及び地球物理学科第一卒業
1972年　東北大学大学院理学研究科天文学専攻博士課程修了、理学博士
1975年～宮城県内の公立高等学校教諭
2004年～仙台育英学園高等学校・秀光中等教育学校教諭
2011年～仙台育英学園高等学校非常勤講師、現在に至る

【著書】
『ひっくり返る地球』海鳴社　2013年

宇宙逆立ちコマが実現したら
— 逆転の惑星たち —

2018年7月18日　初版第1刷発行

著　者　原　憲之介
発行者　中 田 典 昭
発行所　東京図書出版
発売元　株式会社 リフレ出版
〒113-0021　東京都文京区本駒込 3-10-4
電話 (03)3823-9171　FAX 0120-41-8080
印　刷　株式会社 ブレイン

ISBN978-4-86641-152-1 C3042
Printed in Japan 2018

ご意見、ご感想をお寄せ下さい。
［宛先］〒113-0021　東京都文京区本駒込 3-10-4
東京図書出版